〈칠교판〉

칠교판을 잘라 '칠교판으로 모양 만

취도 테스트'
에서 사용하세요.(될 수 있으면 칠 ... 주세요.)

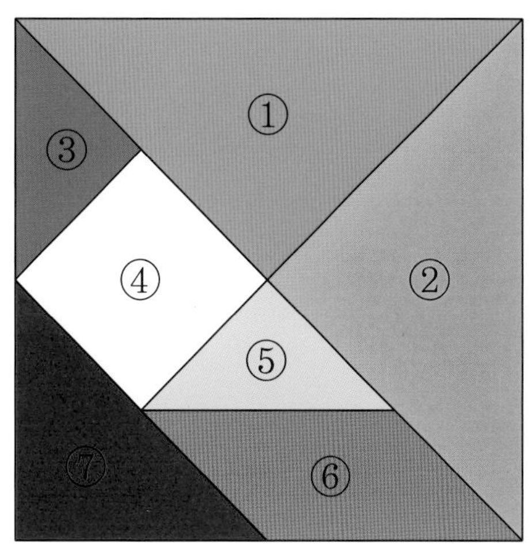

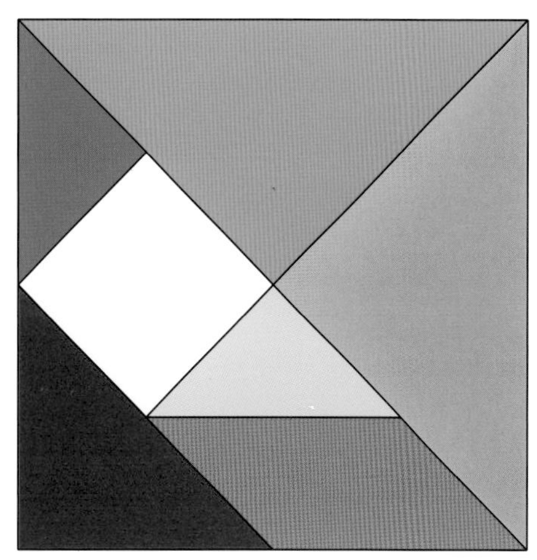

〈활용 예〉

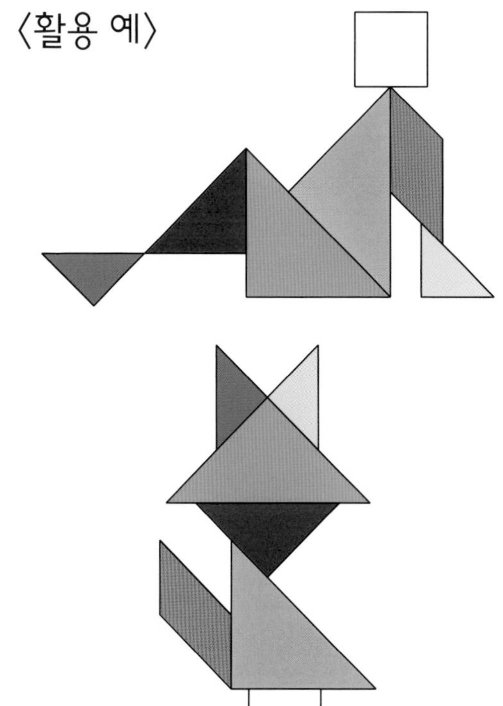

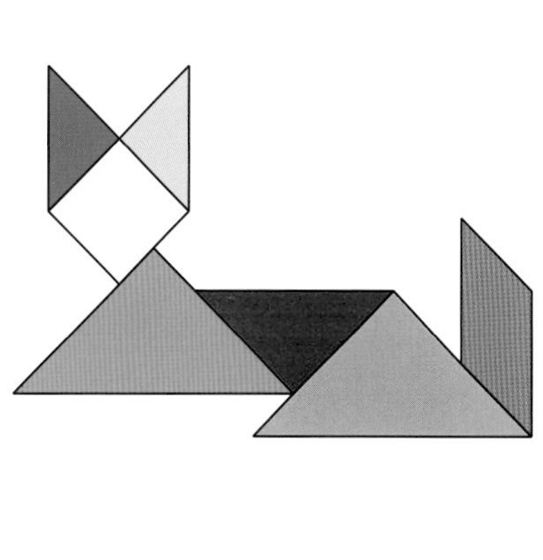

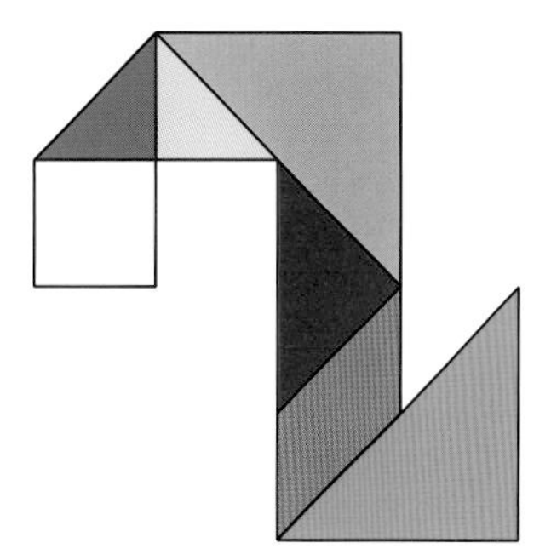

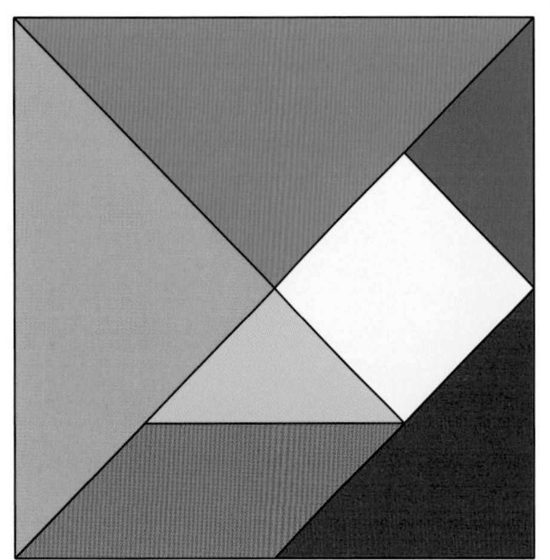

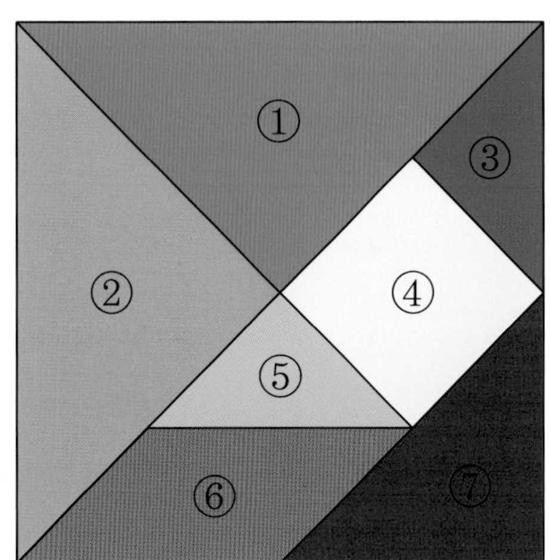

①
②
③
④
⑤
⑥
⑦

영역별 반복집중학습 프로그램

기탄영역별수학 도형·측정편

수학과 교육과정에서 초등학교 수학 내용은 '수와 연산', '도형', '측정', '규칙성', '자료와 가능성'의 5개 영역으로 구성되는데, 우리가 이 교재에서 다룰 영역은 '도형·측정'입니다.

'도형' 영역에서는 평면도형과 입체도형의 개념, 구성요소, 성질과 공간감각을 다룹니다. 평면도형이나 입체도형의 개념과 성질에 대한 이해는 실생활 문제를 해결하는 데 기초가 되며, 수학의 다른 영역의 개념과 밀접하게 관련되어 있습니다. 또한 도형을 다루는 경험으로부터 비롯되는 공간감각은 수학적 소양을 기르는 데 도움이 됩니다.

'측정' 영역에서는 시간, 길이, 들이, 무게, 각도, 넓이, 부피 등 다양한 속성의 측정과 어림을 다룹니다. 우리 생활 주변의 측정 과정에서 경험하는 양의 비교, 측정, 어림은 수학 학습을 통해 길러야 할 중요한 기능이고, 이는 실생활이나 타 교과의 학습에서 유용하게 활용되며, 또한 측정을 통해 길러지는 양감은 수학적 소양을 기르는 데 도움이 됩니다.

이 책의 특징

1. 부족한 부분에 대한 집중 연습이 가능

도형·측정 영역은 직관적으로 쉽다고 느끼는 아이들도 있지만, 많은 아이들이 수·연산 영역에 비해 많이 어려워합니다.
길이, 무게, 넓이 등의 여러 속성을 비교하거나 어림해야 할 때는 섬세한 양감능력이 필요하고, 입체도형의 겉넓이나 부피를 구해야 할 때는 도형의 속성, 전개도의 이해는 물론 계산능력까지도 필요합니다. 도형을 돌리거나 뒤집는 대칭이동을 알아볼 때는 실제 해본 경험을 토대로 하여 형성된 추론능력이 필요하기도 합니다.
다른 여러 영역에 비해 도형·측정 영역은 이렇게 종합적이고 논리적인 사고와 직관력을 동시에 필요로 하기 때문에 문제 상황에 익숙해지기까지는 당황스러울 수밖에 없습니다.
하지만 절대 걱정할 필요가 없습니다.
기초부터 차근차근 쌓아 올라가야만 다른 단계로의 확장이 가능한 수·연산 등 다른 영역과 달리, 도형·측정 영역은 각각의 내용들이 독립성 있는 경우가 대부분이어서 부족한 부분만 집중 연습해도 충분히 그 부분의 완성도 있는 학습이 가능하기 때문입니다.
이번에 기탄에서 출시한 기탄영역별수학 도형·측정편으로 부족한 부분을 선택하여 집중적으로 연습해 보세요. 원하는 만큼 실력과 자신감이 쑥쑥 향상됩니다.

2. 학습 부담 없는 알맞은 분량

내게 부족한 부분을 선택해서 집중 연습하려고 할 때, 그 부분의 학습 분량이 너무 많으면 부담 때문에 시작하기조차 힘들 수 있습니다.
무조건 문제 수가 많은 것보다 학습의 흥미도를 떨어뜨리지 않는 범위 내에서 필요한 만큼 충분한 양일 때 학습효과가 가장 좋습니다.
기탄영역별수학 도형·측정편은 다루어야 할 내용을 세분화하여, 한 가지 내용에 대한 학습량도 권당 80쪽, 쪽당 문제 수도 3~8문제 정도로 여유 있게 배치하여 학습 부담을 줄이고 학습효과는 높였습니다.
학습자의 상태를 가장 많이 고민한 책, 기탄영역별수학 도형·측정편으로 미루어 두었던 수학에의 도전을 시작해 보세요.

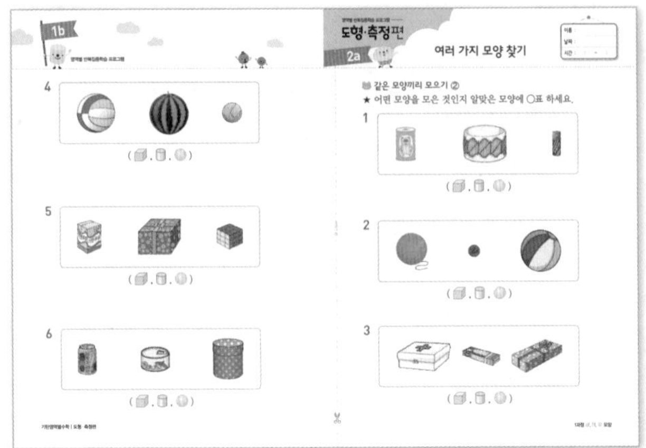

★ 본 학습

제목을 통해 이번 차시에서 학습해야 할 내용이 무엇인지 짚어 보고, 그것을 익히기 위한 최적화된 연습문제를 반복해서 집중적으로 풀어 볼 수 있습니다.

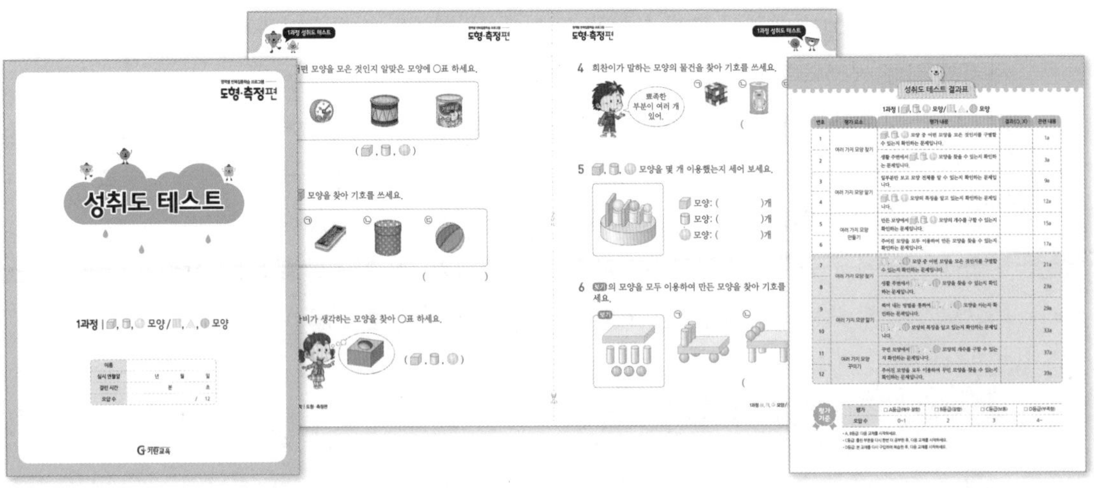

★ 성취도 테스트

성취도 테스트는 본문에서 집중 연습한 내용을 최종적으로 한번 더 확인해 보는 문제들로 구성되어 있습니다. 성취도 테스트를 풀어 본 후, 결과표에 내가 맞은 문제인지 틀린 문제인지 체크를 해가며 각각의 문항을 통해 성취해야 할 학습목표와 학습내용을 짚어 보고, 성취된 부분과 부족한 부분이 무엇인지 확인합니다.

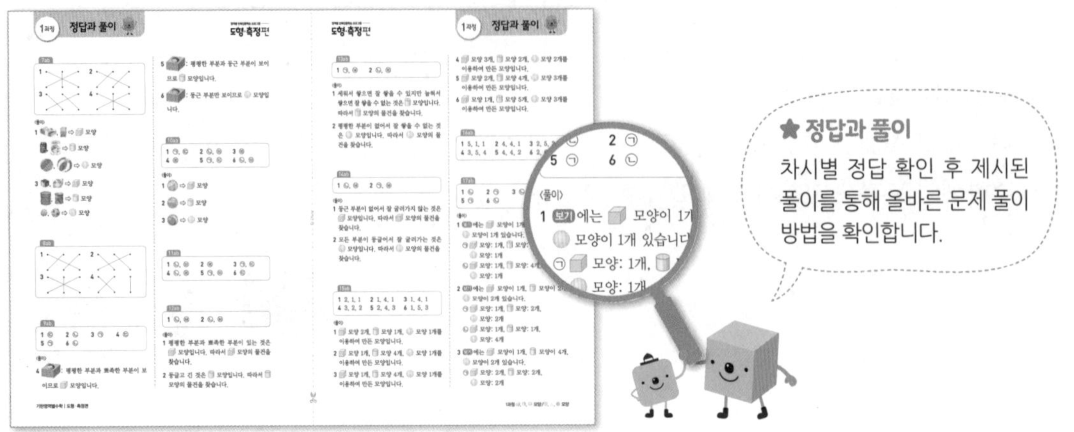

★ 정답과 풀이

차시별 정답 확인 후 제시된 풀이를 통해 올바른 문제 풀이 방법을 확인합니다.

기탄영역별수학
도형·측정편

· 여러 가지 평면도형
· 쌓기나무

3
과정

기초부터 탄탄하게
기탄교육

여러 가지 평면도형

쌓기나무

이름 :

날짜 :

시간 : : ~ :

원 알기

원 찾기 ①

★ 원을 찾아 기호를 써 보세요.

1

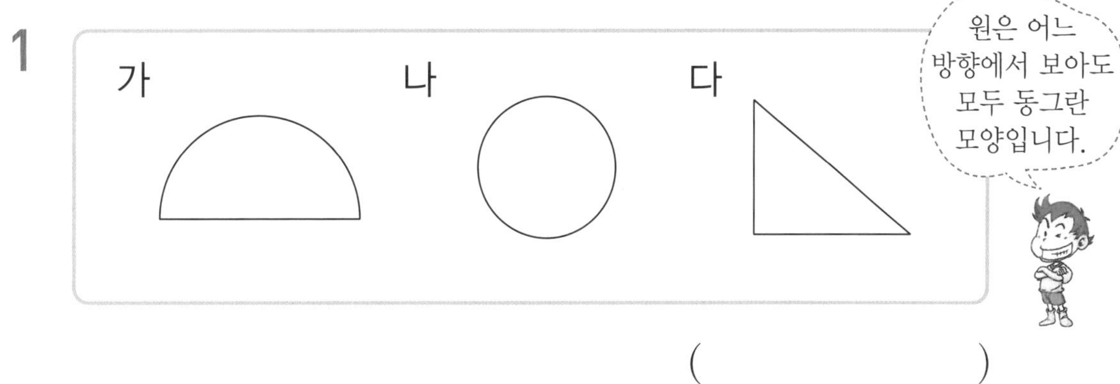

(　　　　　　)

2

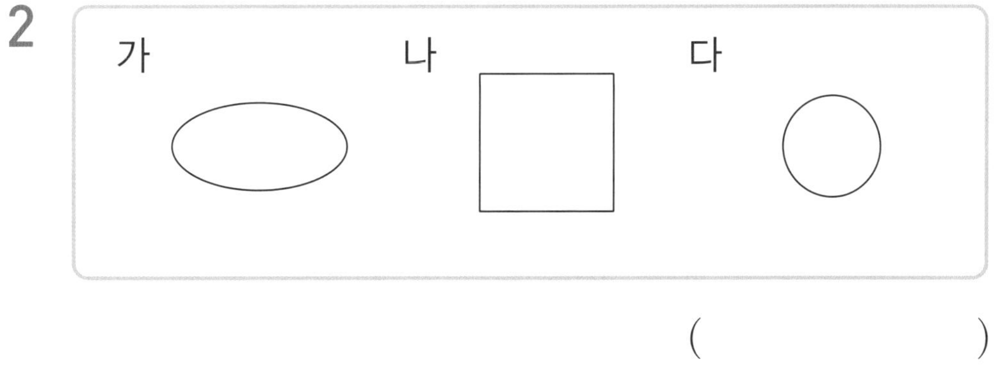

(　　　　　　)

3

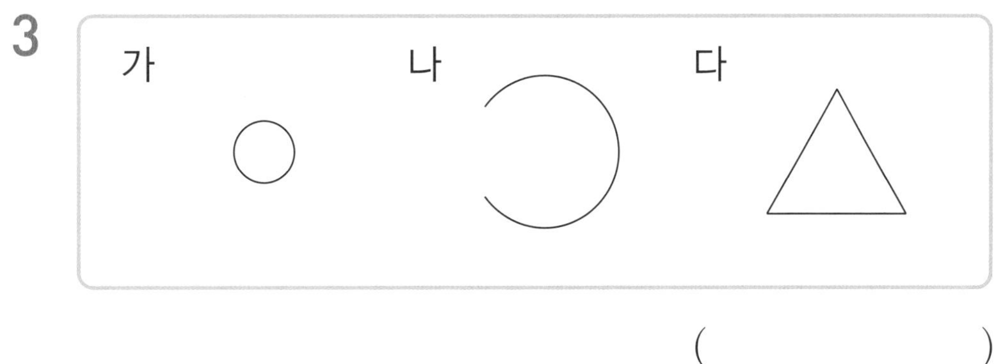

(　　　　　　)

4

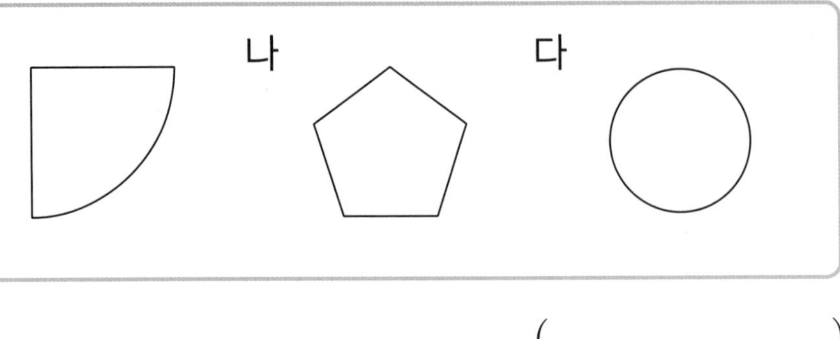

(　　　　　　　　　　)

5

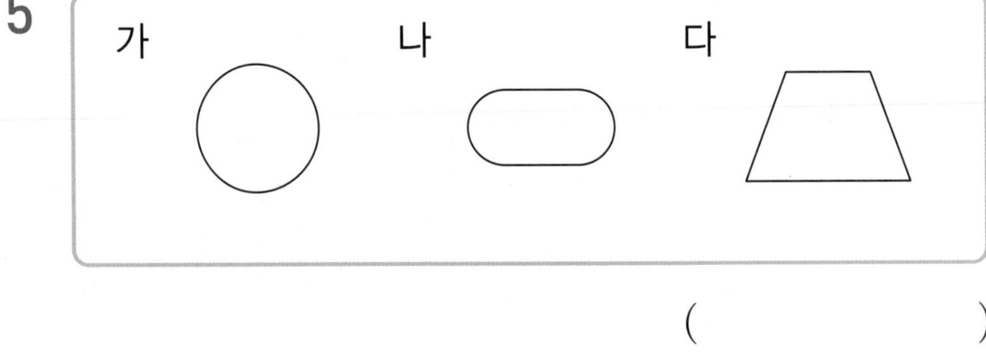

(　　　　　　　　　　)

6

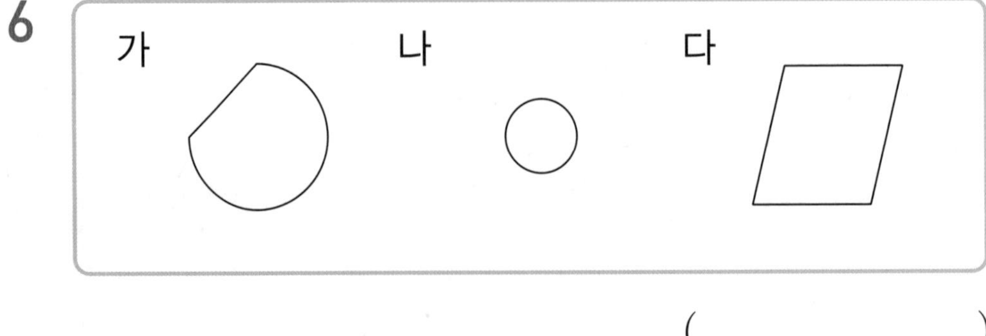

(　　　　　　　　　　)

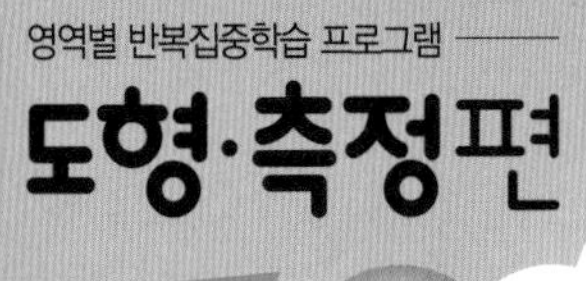

원 알기

이름 :
날짜 :
시간 : : ~ :

원 찾기 ②

1 원을 모두 찾아 기호를 써 보세요.

가 나 다

라 마 바

사 아 자

차 카 타

( )

2 원을 모두 찾아 기호를 써 보세요.

가 나 다

라 마 바

사 아 자

차 카 타

( )

원 알기

이름 :
날짜 :
시간 : : ~ :

원 그리기

1 주변에 있는 물건을 이용하여 크기가 다른 원을 4개 그려 보세요.

물건을 이용하여 원을 본뜰 때에는 물건이 움직이지 않도록 해야 합니다.

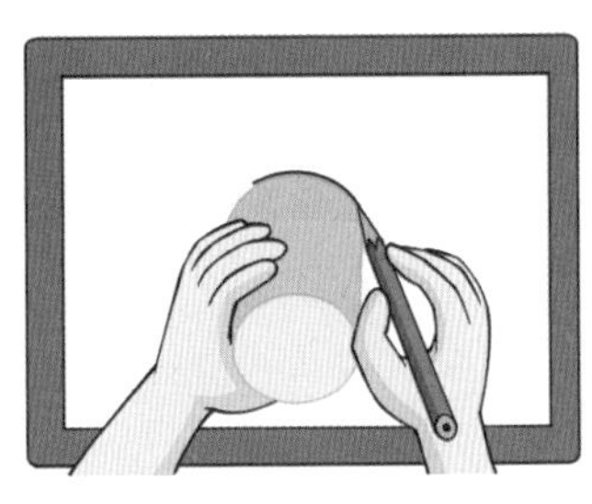

2 모양 자를 이용하여 크기가 다른 원을 4개 그려 보세요.

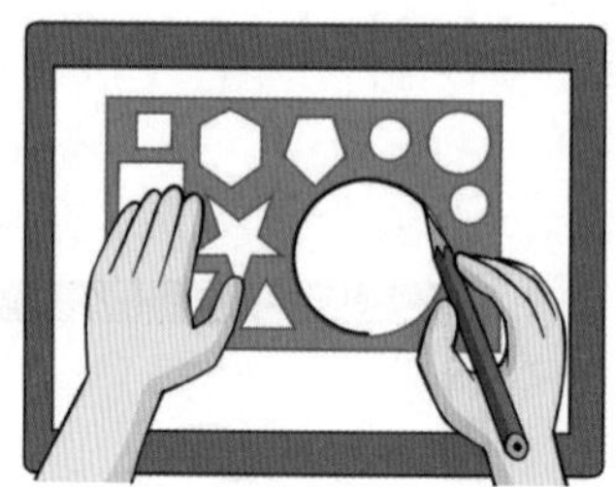

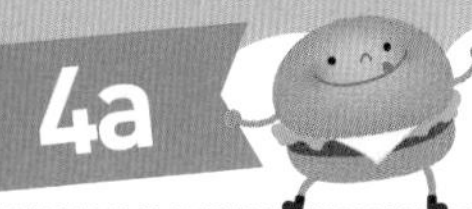

이름 :
날짜 :
시간 : : ~ :

삼각형 알기

삼각형 찾기 ①

★ 삼각형을 찾아 기호를 써 보세요.

1
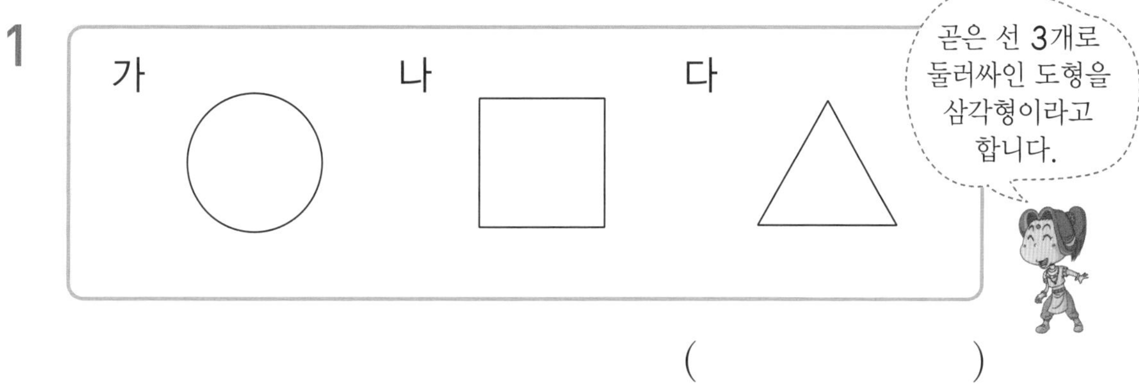

( )

2
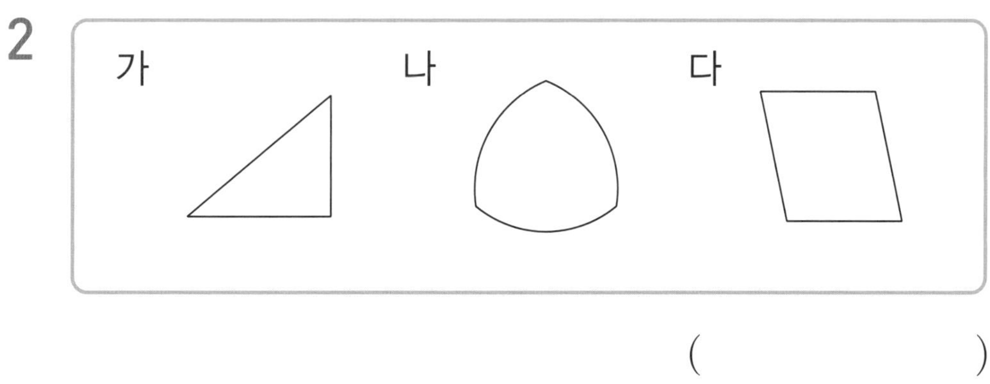

( )

3
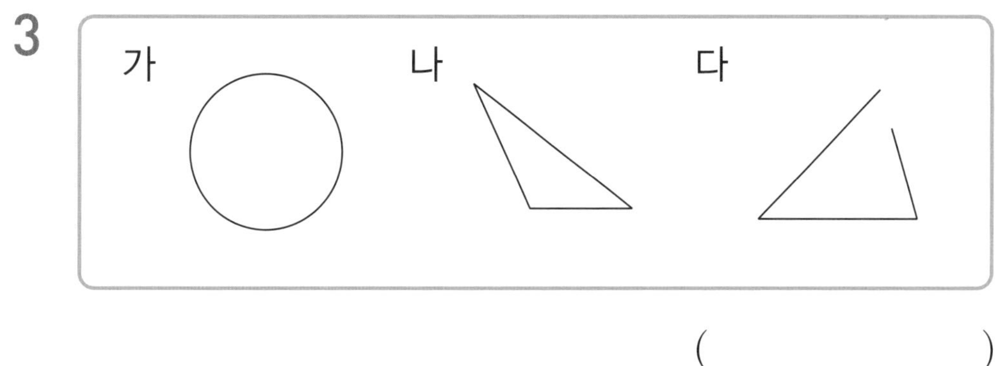

( )

4

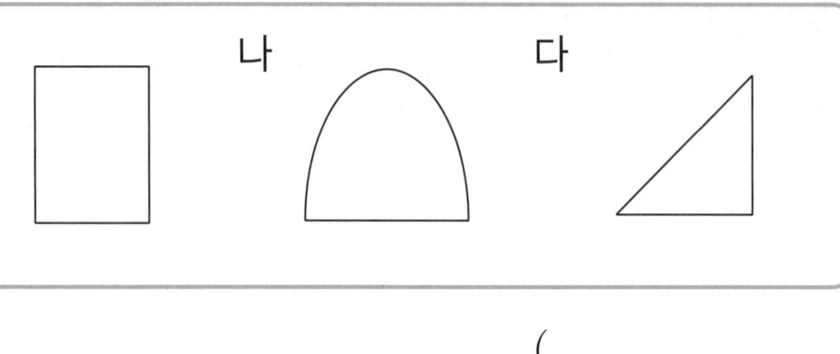

(　　　　　　　　)

5

가　　　나　　　다

(　　　　　　　　)

6

가　　　나　　　다

(　　　　　　　　)

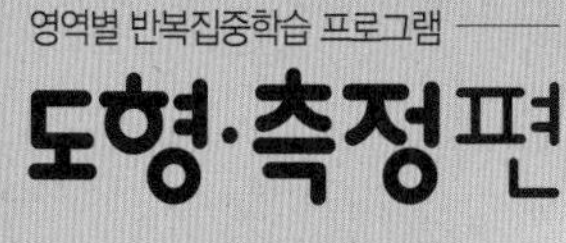

이름 :
날짜 :
시간 : : ~ :

삼각형 알기

삼각형 찾기 ②

1 아래 도형 중에서 삼각형을 찾아 기호를 쓰고 변, 꼭짓점의 수를 각각 써넣으세요.

가 나 다

라 마 바

사 아 자

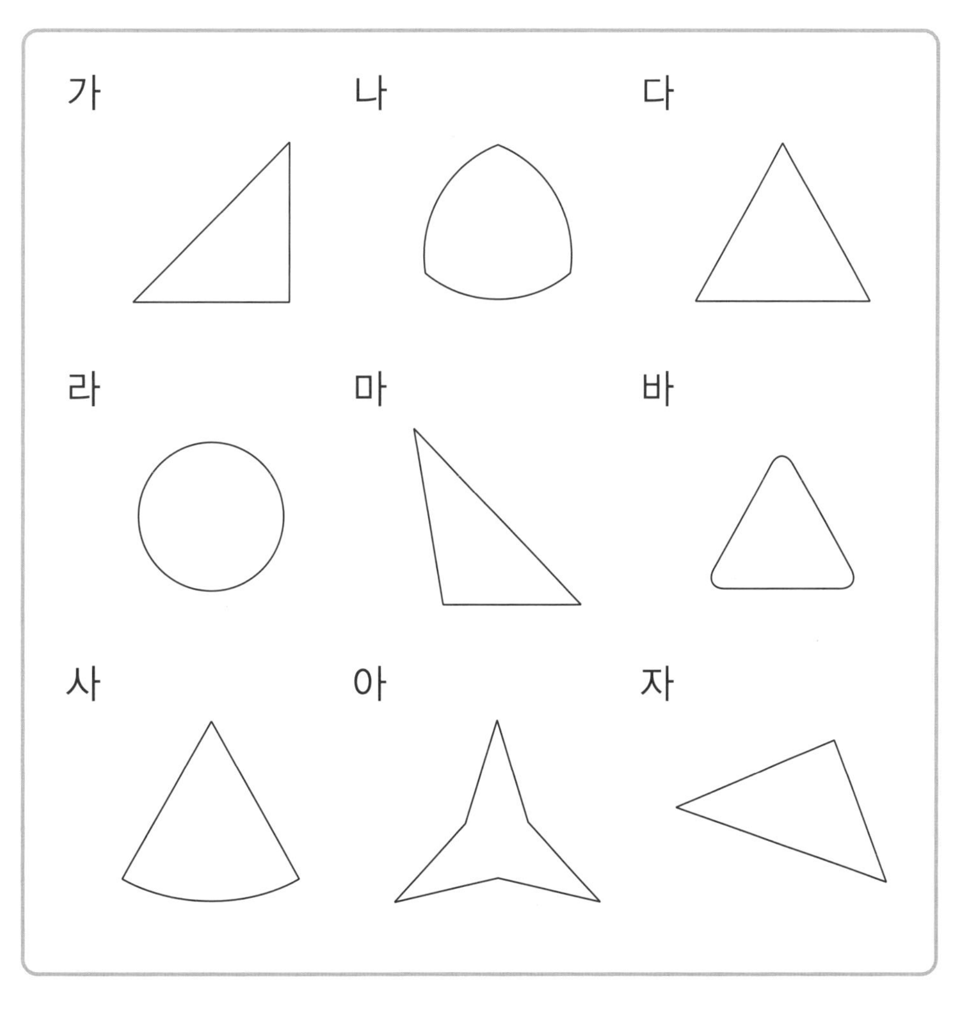

기호				
변의 수(개)				
꼭짓점의 수(개)				

2 아래 도형 중에서 삼각형을 찾아 기호를 쓰고 변, 꼭짓점의 수를 각각 써넣으세요.

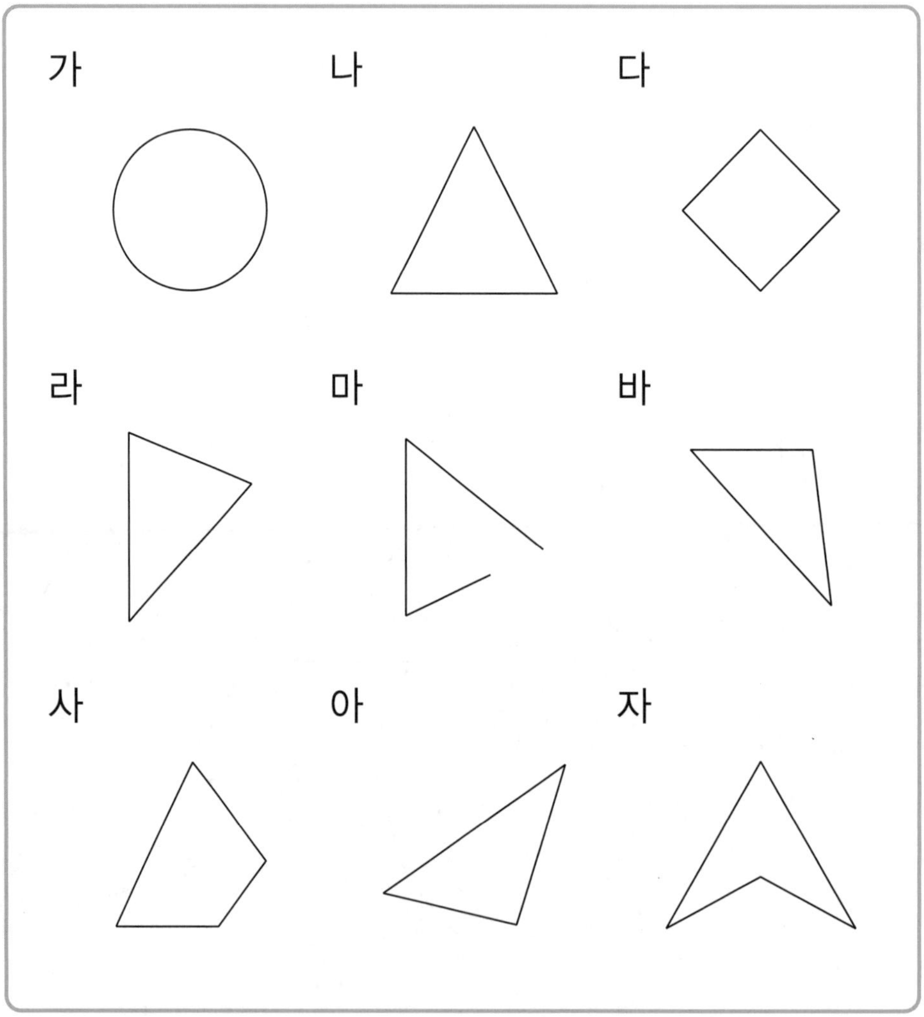

가 나 다

라 마 바

사 아 자

기호				
변의 수(개)				
꼭짓점의 수(개)				

이름 :
날짜 :
시간 : : ~ :

삼각형 알기

삼각형 그리기

★ 삼각형을 그려 보세요.

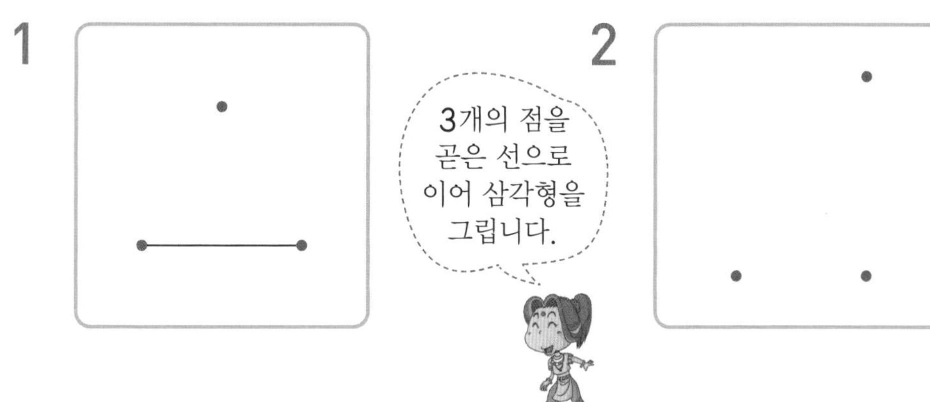

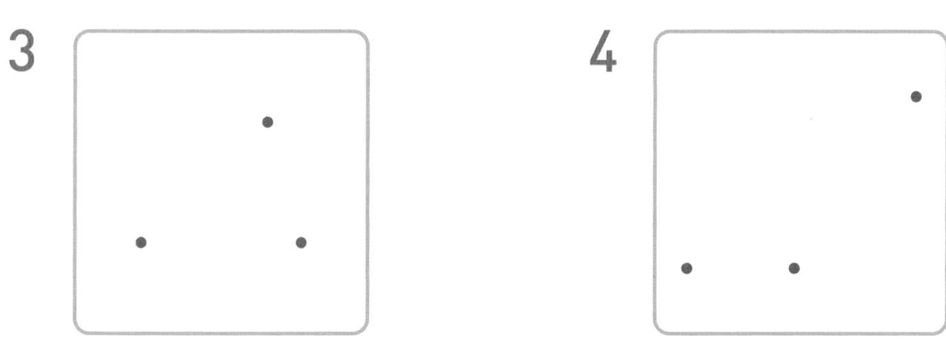

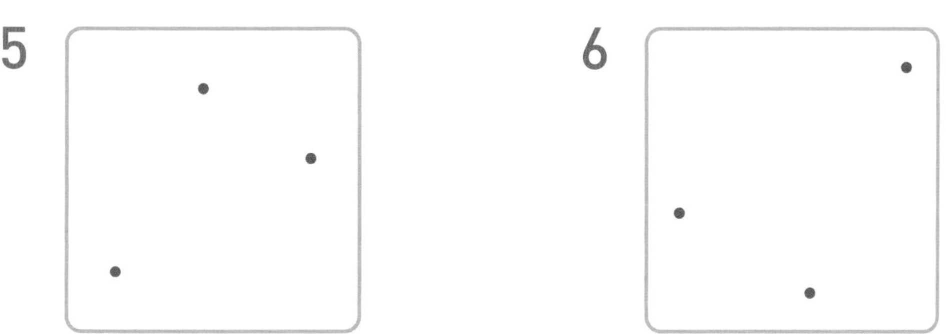

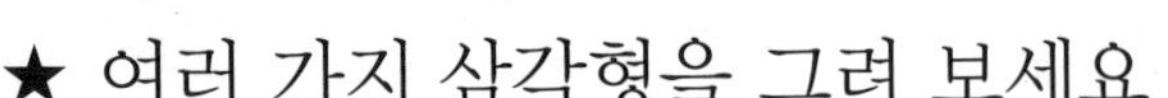

★ 여러 가지 삼각형을 그려 보세요.

7

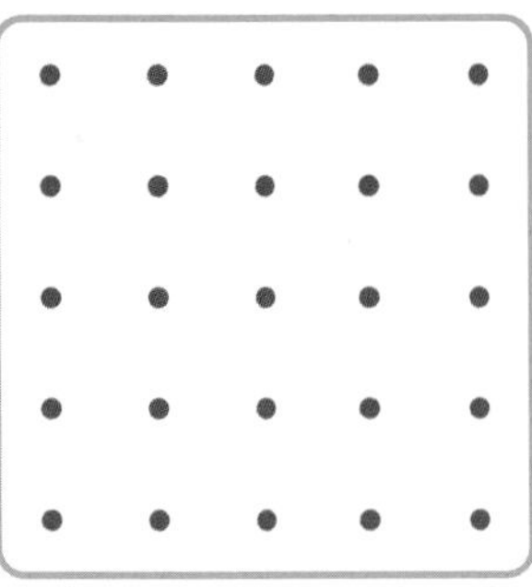

8

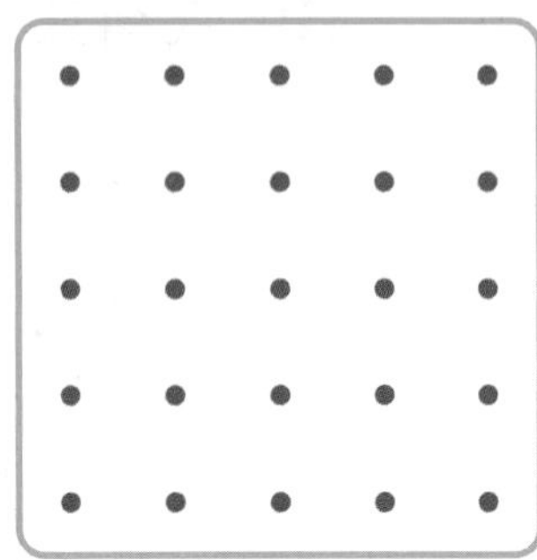

9

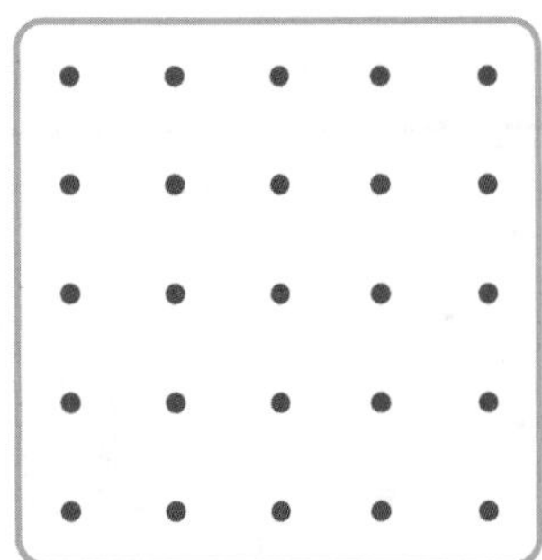

10

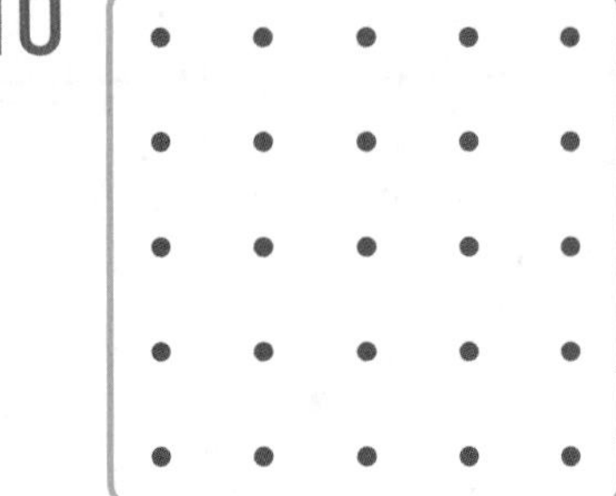

11

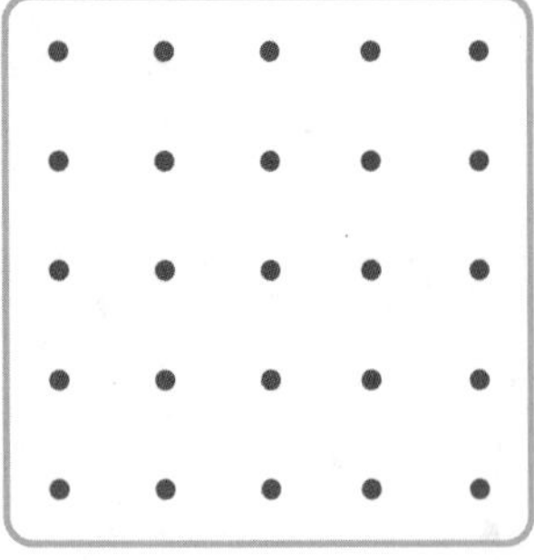

12

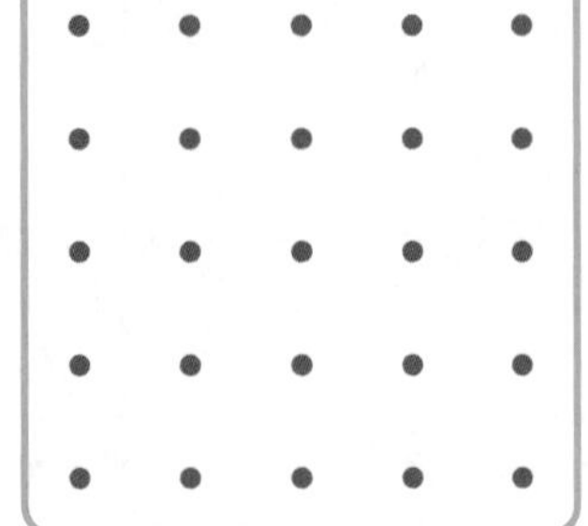

사각형 알기

이름 :
날짜 :
시간 : : ~ :

사각형 찾기 ①

★ 사각형을 찾아 기호를 써 보세요.

1

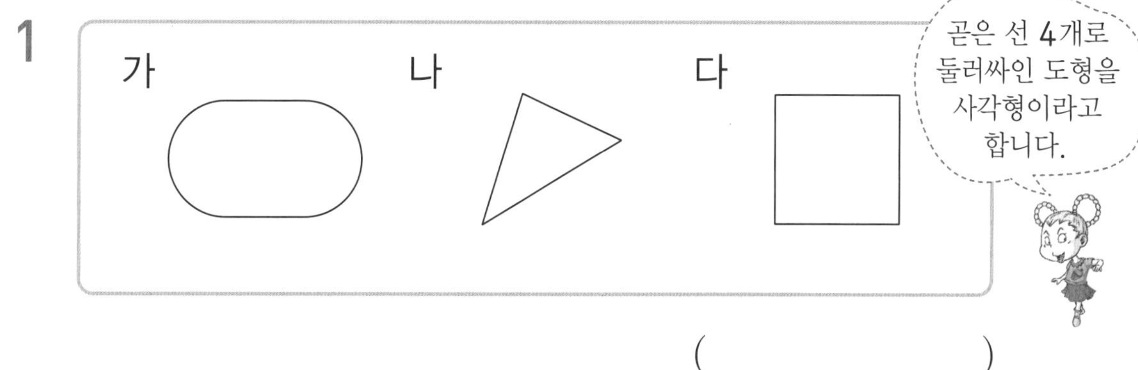

( )

2

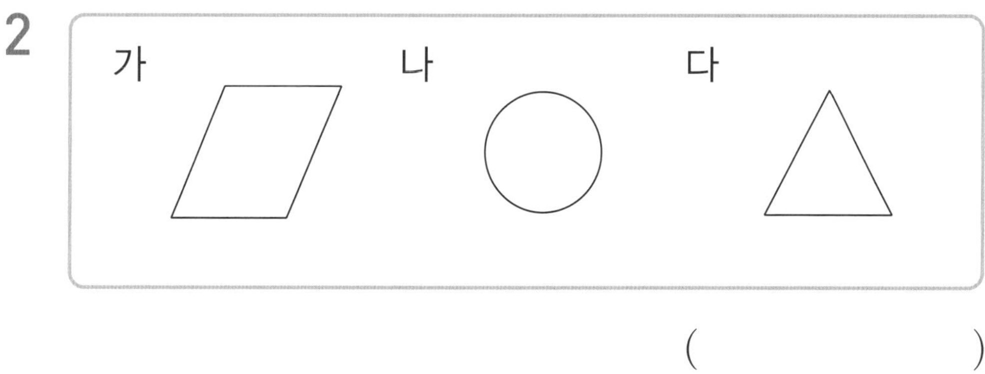

( )

3

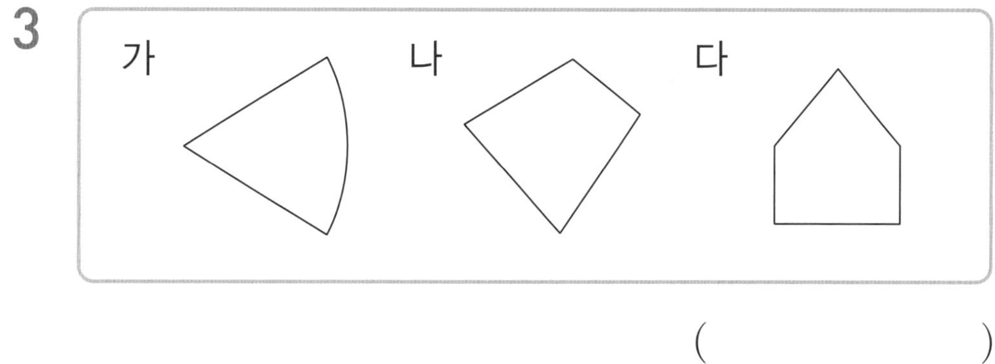

( )

4

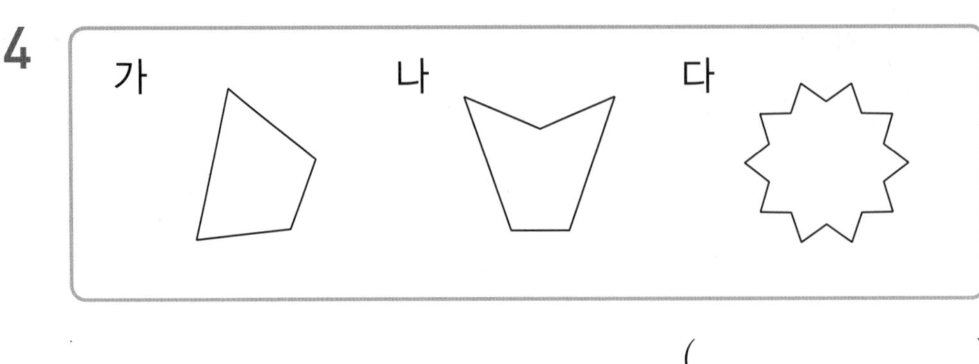

(　　　　　　　　)

5

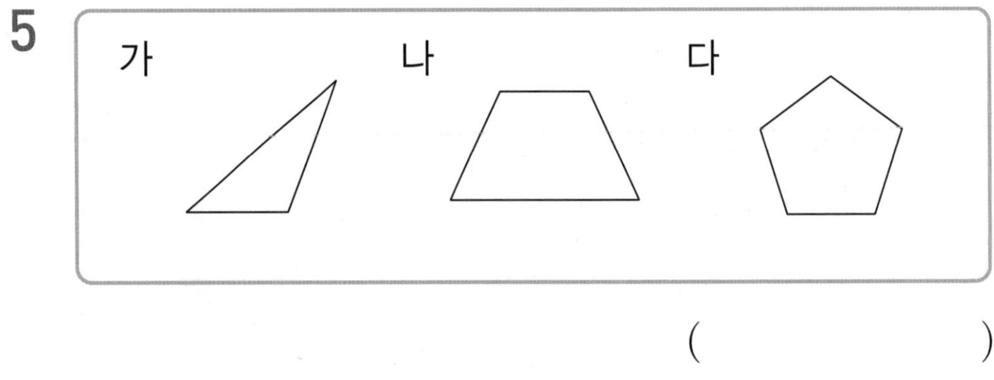

(　　　　　　　　)

6

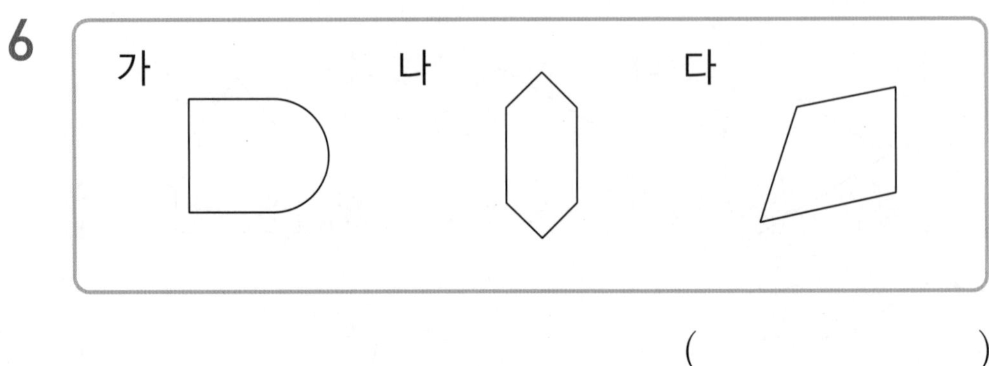

(　　　　　　　　)

사각형 알기

이름 :
날짜 :
시간 : : ~ :

사각형 찾기 ②

1 아래 도형 중에서 사각형을 찾아 기호를 쓰고 변, 꼭짓점의 수를 각각 써넣으세요.

가 나 다

라 마 바

사 아 자

기호				
변의 수(개)				
꼭짓점의 수(개)				

2 아래 도형 중에서 사각형을 찾아 기호를 쓰고 변, 꼭짓점의 수를 각각 써넣으세요.

가 나 다

라 마 바

사 아 자

기호				
변의 수(개)				
꼭짓점의 수(개)				

사각형 알기

이름 :
날짜 :
시간 : : ~ :

사각형 그리기

★ 사각형을 그려 보세요.

1
 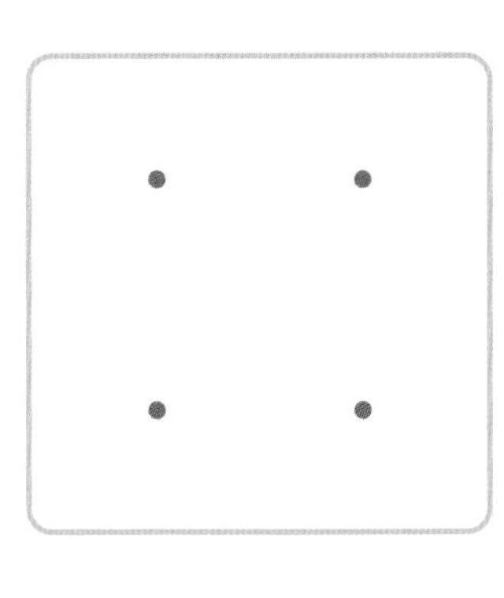

4개의 점을 곧은 선으로 이어 사각형을 그립니다.

2

3

4
 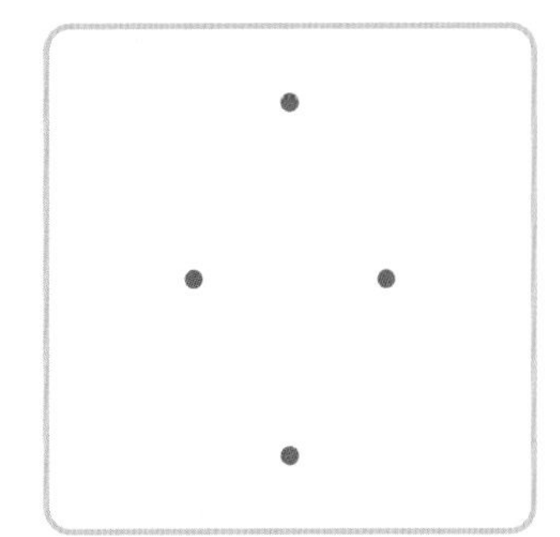

5

6
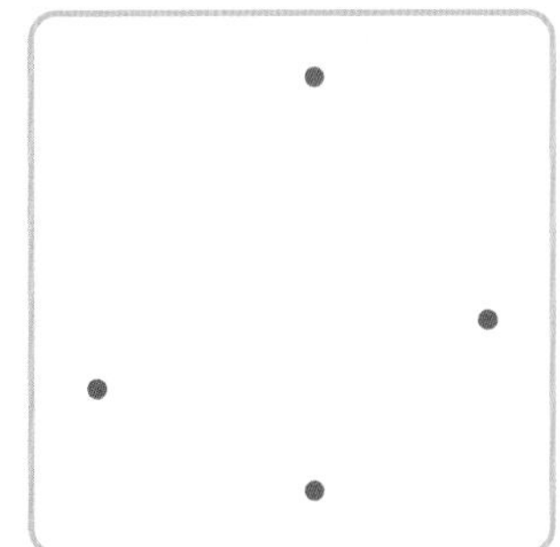

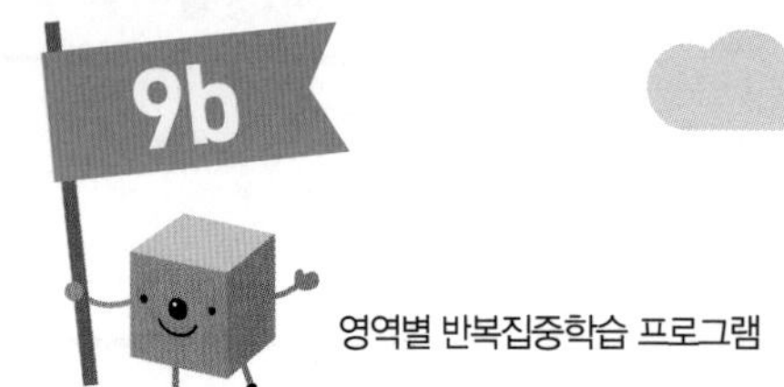

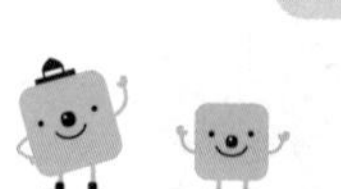

★ 여러 가지 사각형을 그려 보세요.

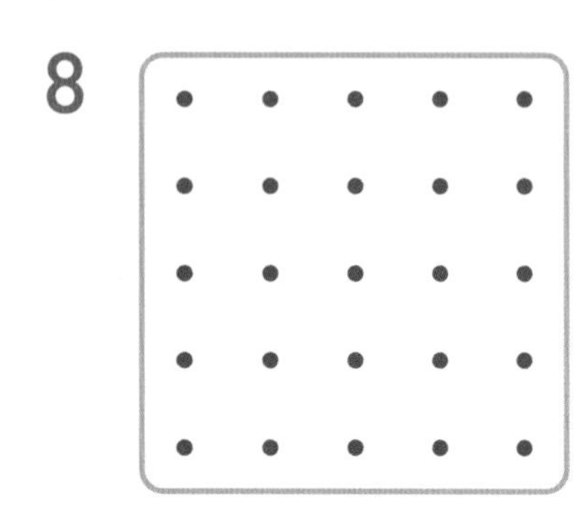

7

8

9

10

11

12

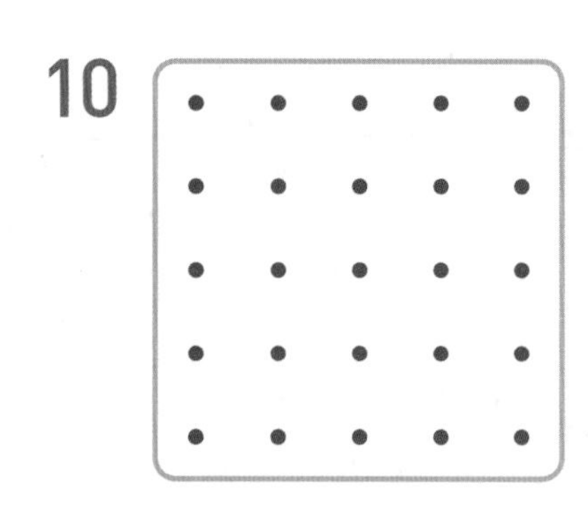

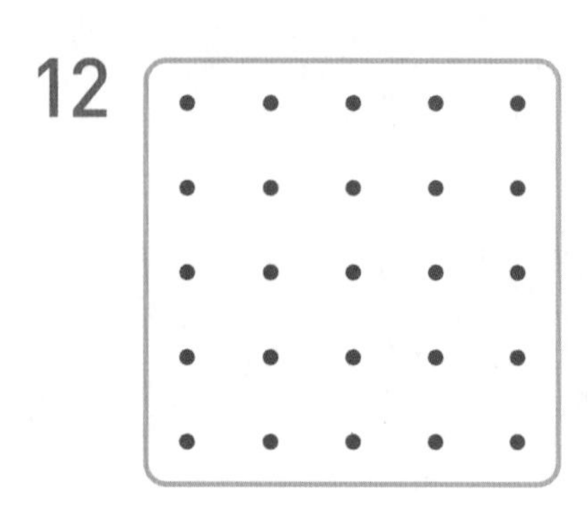

오각형 · 육각형 알기

이름 :
날짜 :
시간 : : ~ :

오각형·육각형 찾기 ①

★ 오각형을 찾아 기호를 써 보세요.

1
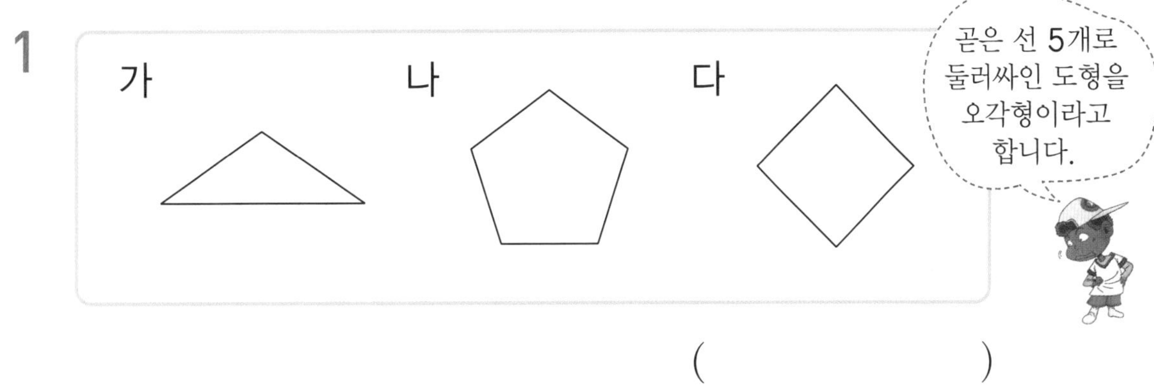

( )

2
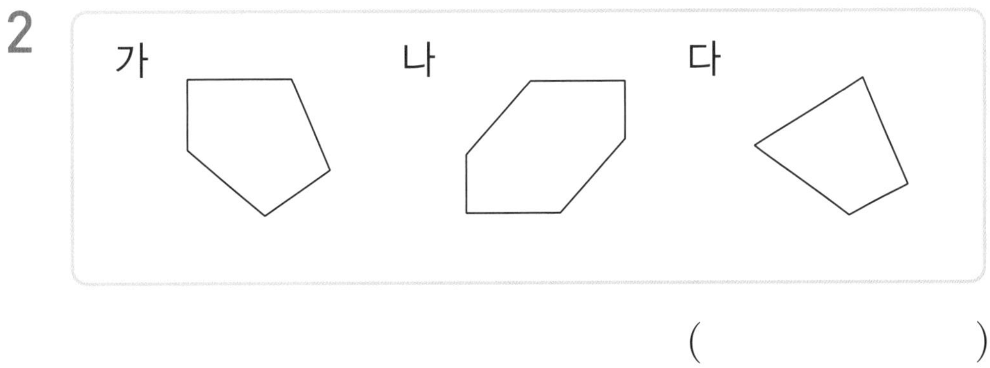

( )

3
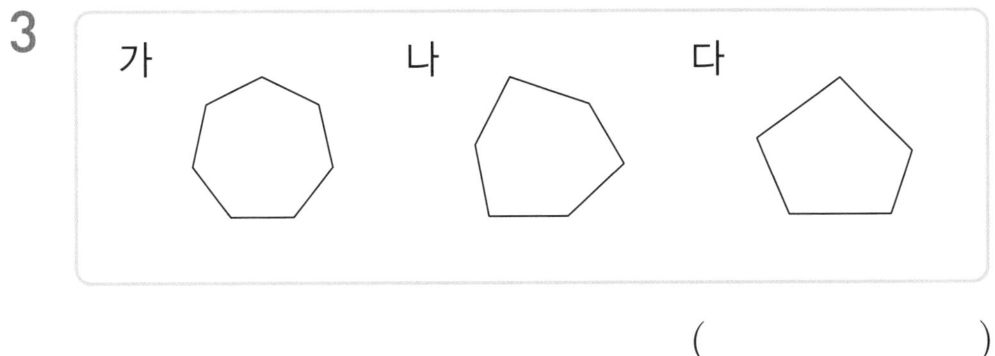

( )

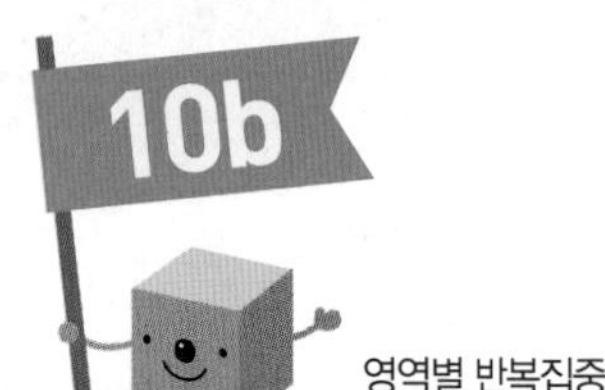

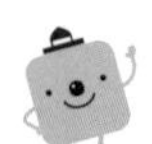

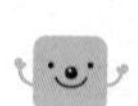

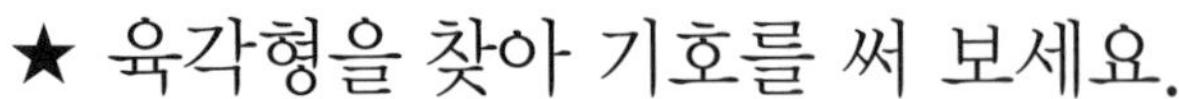

★ 육각형을 찾아 기호를 써 보세요.

4

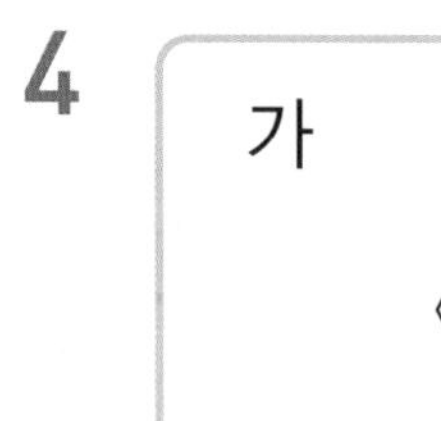

가  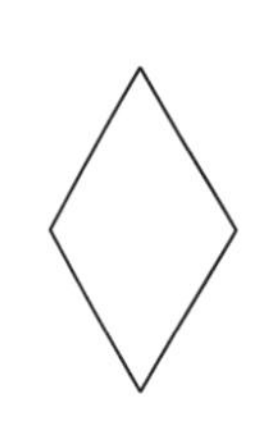 나 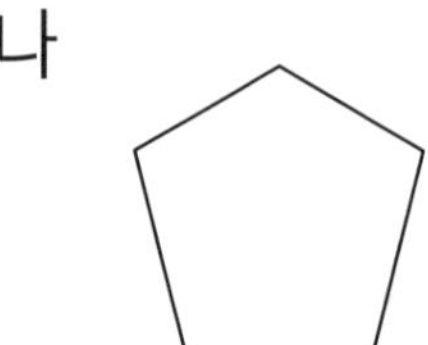 다 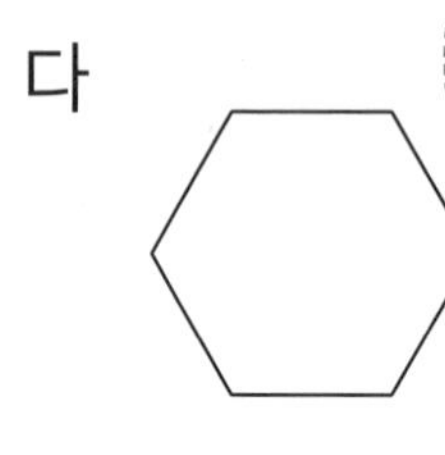

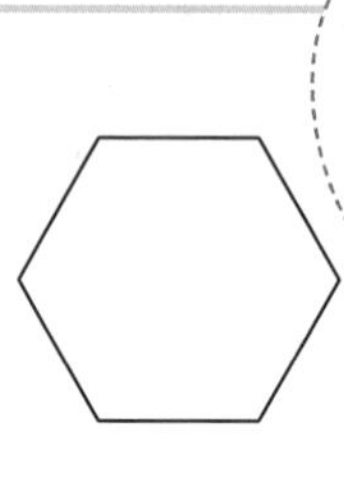

곧은 선 6개로 둘러싸인 도형을 육각형이라고 합니다.

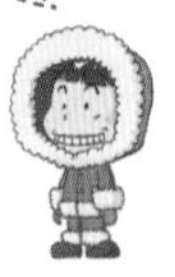

(　　　　　　　)

5

가 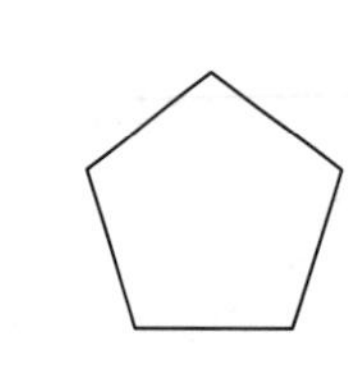 나 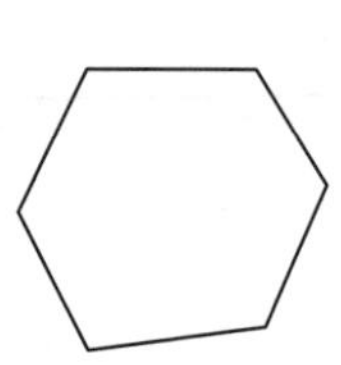 다 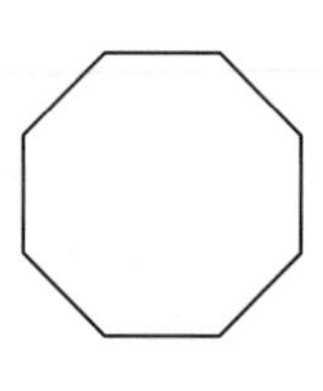

(　　　　　　　)

6

가 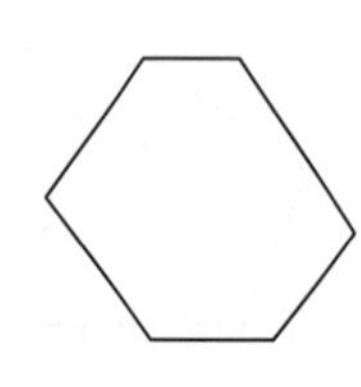 나 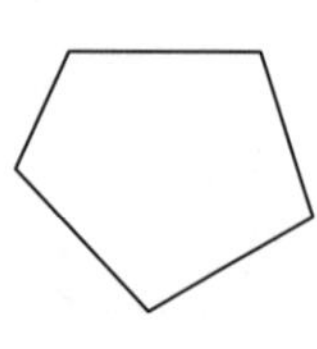 다 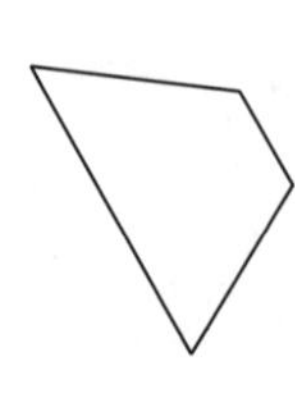

(　　　　　　　)

오각형 · 육각형 알기

이름 :
날짜 :
시간 : : ~ :

오각형 · 육각형 찾기 ②

1 아래 도형 중에서 오각형을 찾아 기호를 쓰고 변, 꼭짓점의 수를 각각 써넣으세요.

가 나 다

라 마 바

사 아 자

기호				
변의 수(개)				
꼭짓점의 수(개)				

2 아래 도형 중에서 육각형을 찾아 기호를 쓰고 변, 꼭짓점의 수를 각각 써넣으세요.

가 나 다

라 마 바

사 아 자

기호				
변의 수(개)				
꼭짓점의 수(개)				

오각형 · 육각형 알기

이름 :
날짜 :
시간 : : ~ :

오각형 · 육각형 그리기

★ 오각형을 그려 보세요.

1

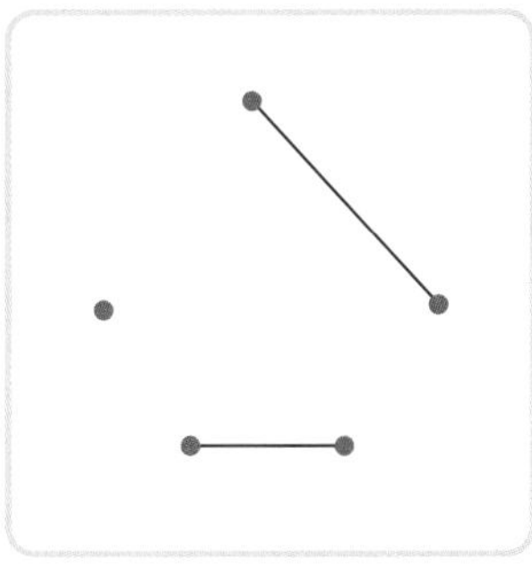

5개의 점을 곧은 선으로 이어 오각형을 그립니다.

2

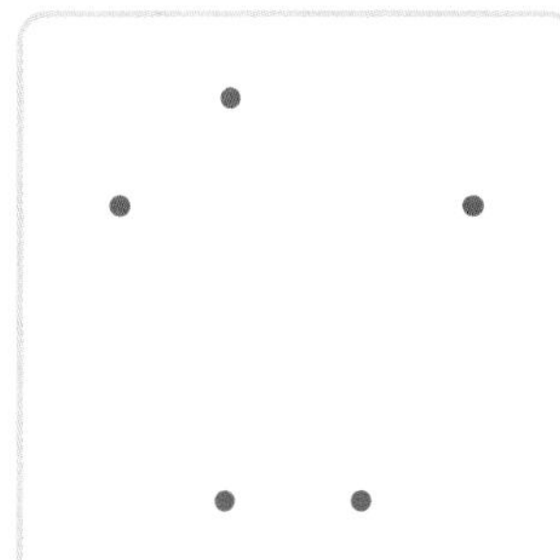

3

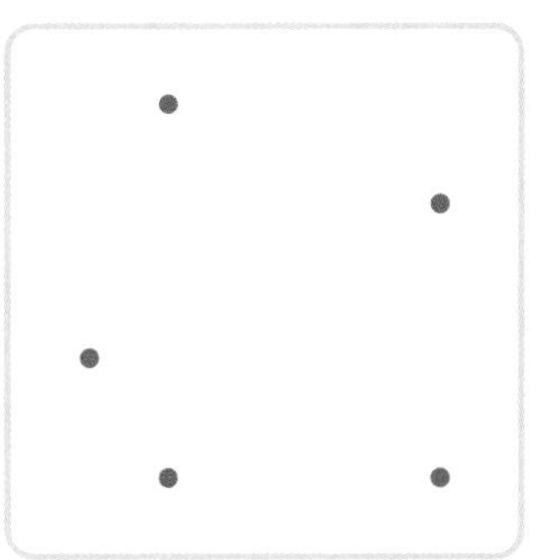

4

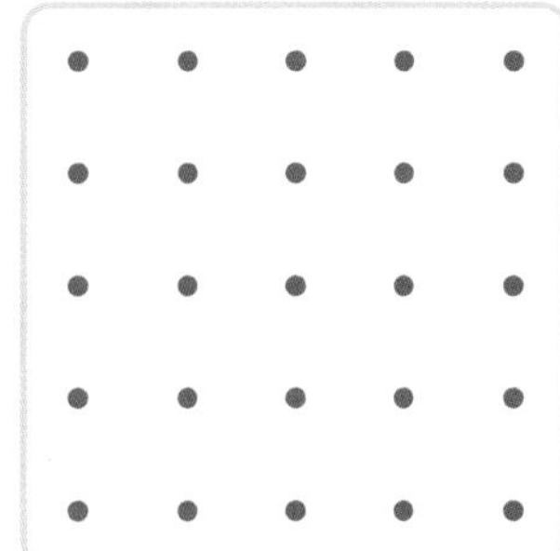

5

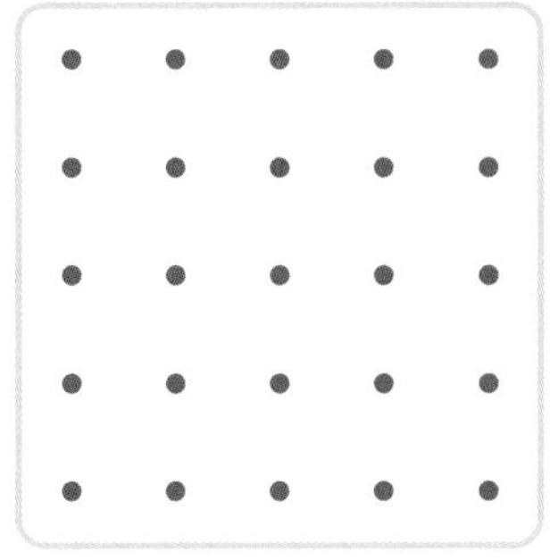

6

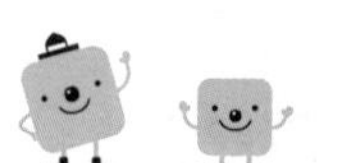

★ 육각형을 그려 보세요.

7

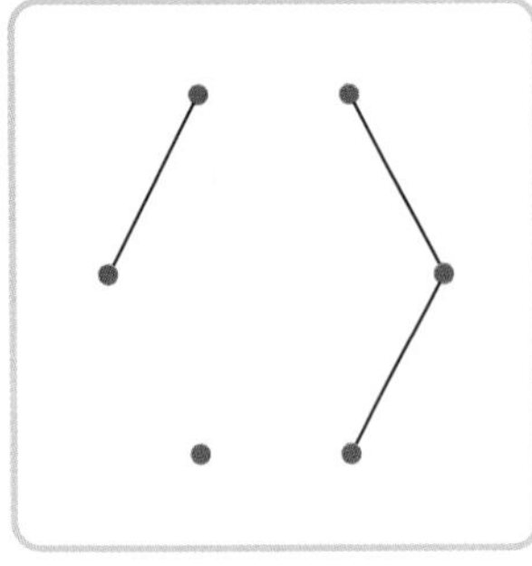

8

6개의 점을 곧은 선으로 이어 육각형을 그립니다.

9

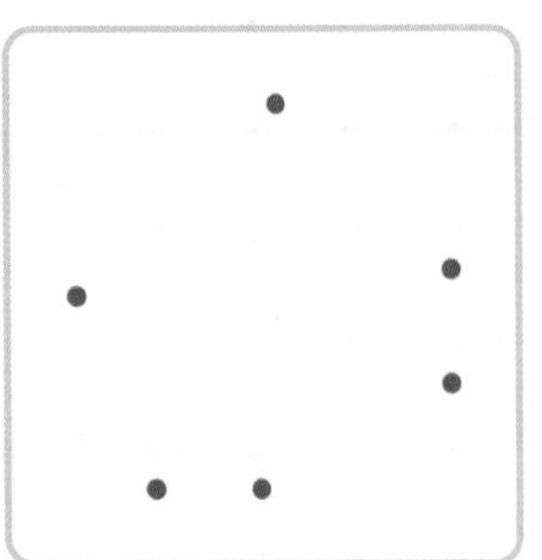

10

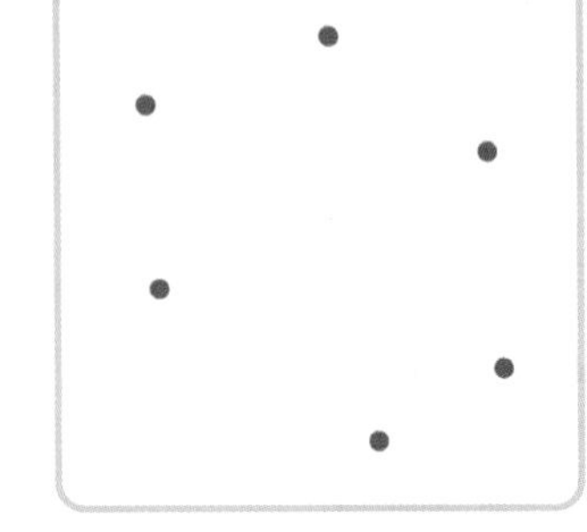

11

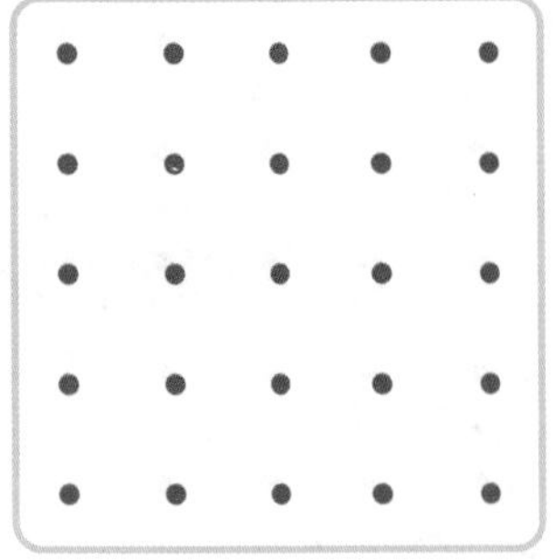

12

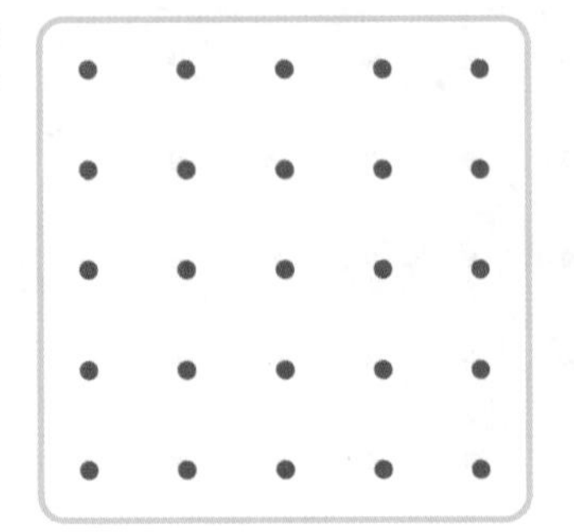

여러 가지 도형 알기

이름 :
날짜 :
시간 : : ~ :

여러 가지 도형 찾기

1 아래 도형을 보고 원, 삼각형, 사각형, 오각형, 육각형이 각각 몇 개인지 써넣으세요.

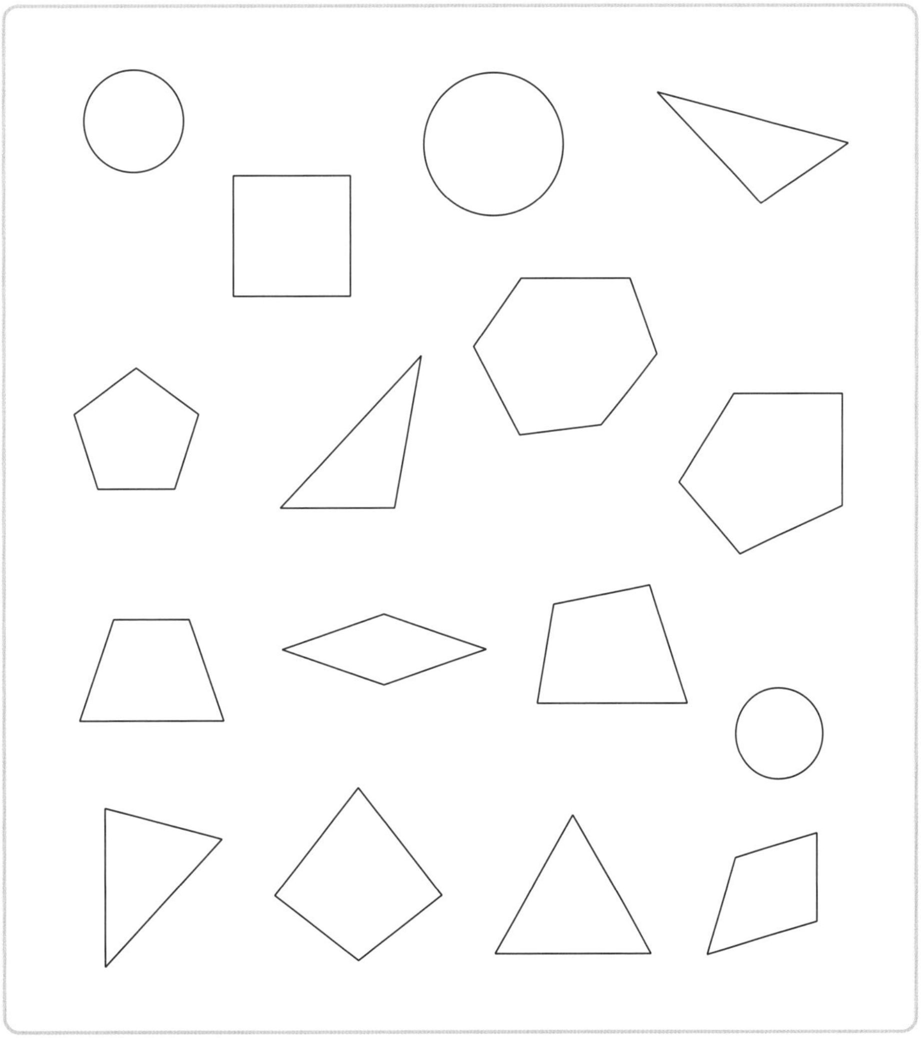

도형의 이름	원	삼각형	사각형	오각형	육각형
개수(개)					

2 아래 도형을 보고 원, 삼각형, 사각형, 오각형, 육각형이 각각 몇 개인지 써넣으세요.

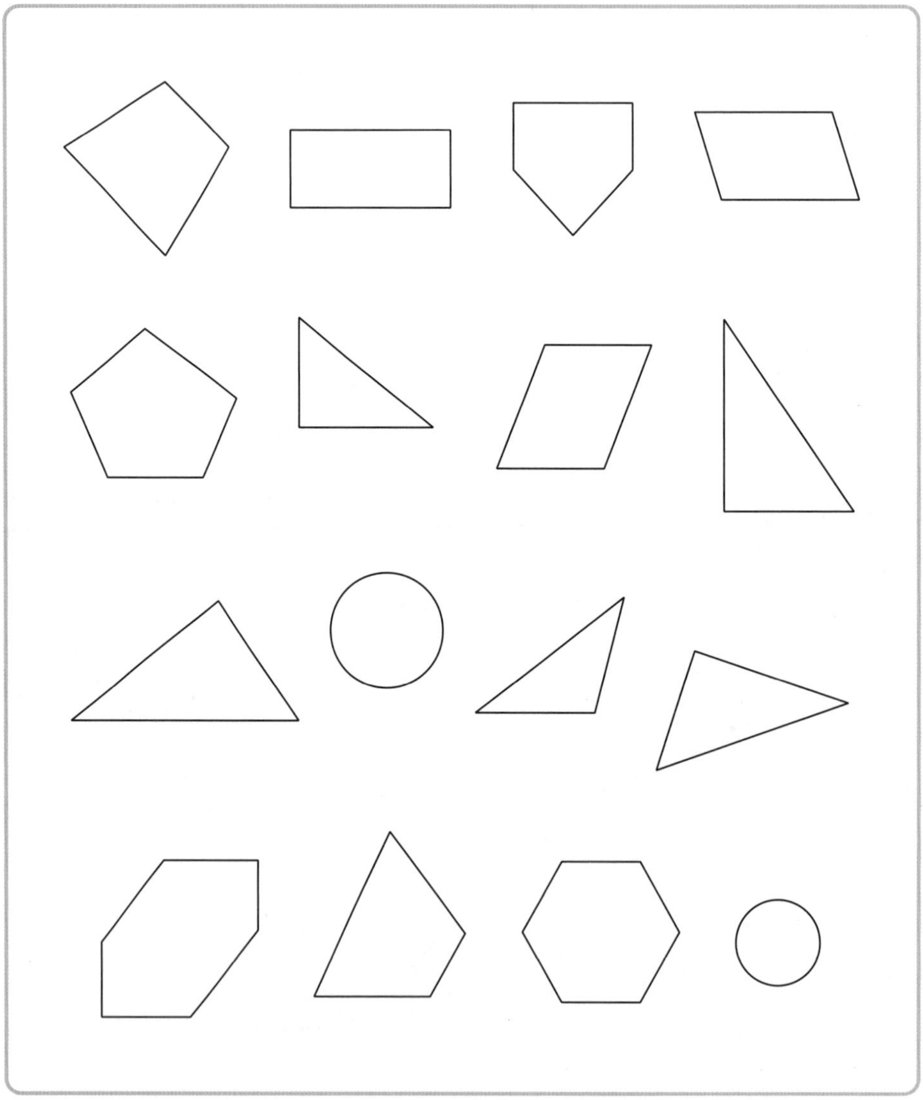

도형의 이름	원	삼각형	사각형	오각형	육각형
개수(개)					

여러 가지 도형 알기

이름 :
날짜 :
시간 : : ~ :

여러 가지 도형 만들기

★ 다음 도형을 점선을 따라 자르면 어떤 도형이 몇 개 생기는지 쓰세요.

1

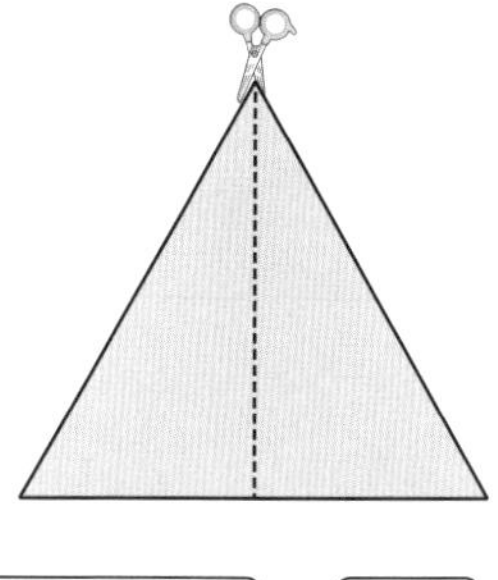

[ ], [ ]개

2

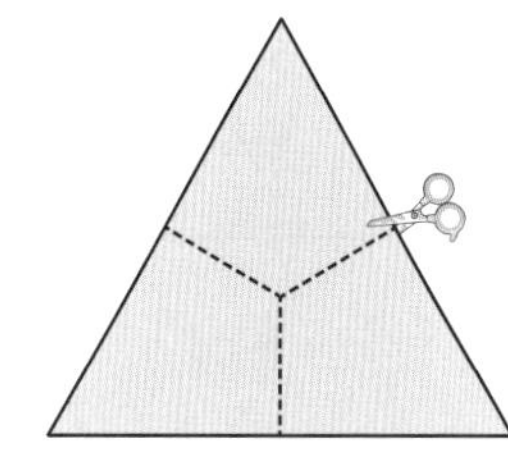

[ ], [ ]개

3

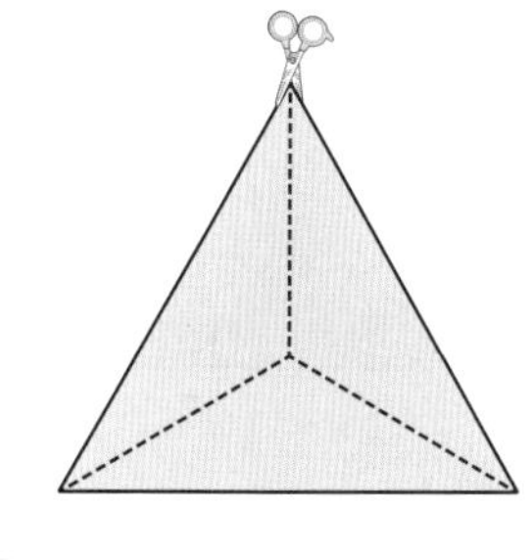

[ ], [ ]개

4

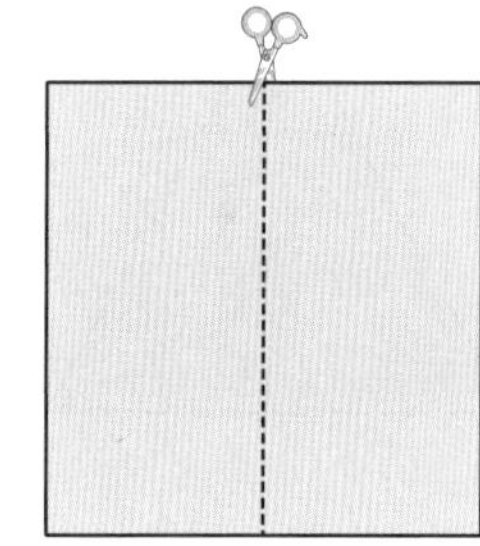

[ ], [ ]개

5

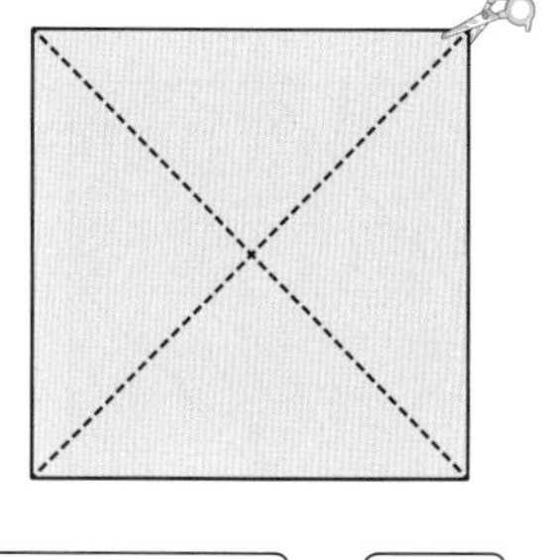

[ ], [ ]개

6

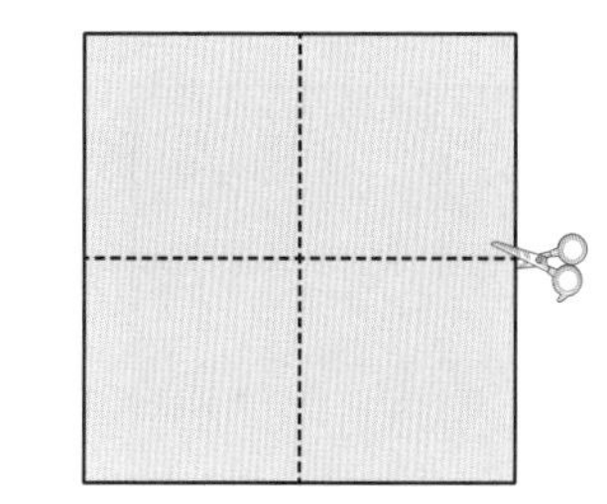

[ ], [ ]개

★ 다음 도형을 점선을 따라 잘랐을 때 생기는 도형의 이름을 모두 쓰세요.

7

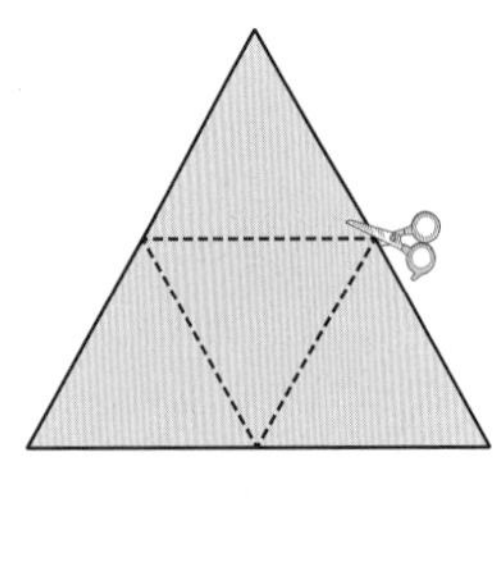

(   )

8

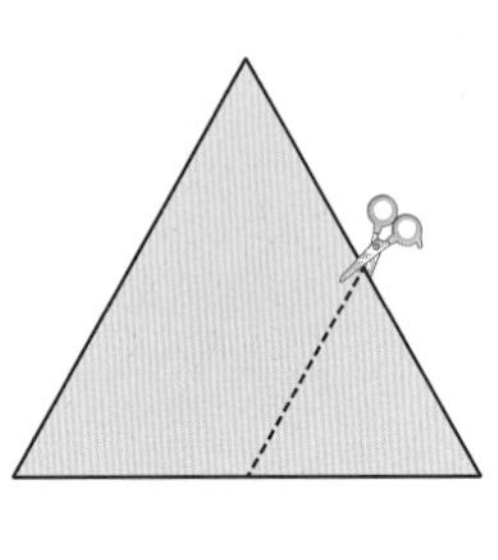

(   )

9

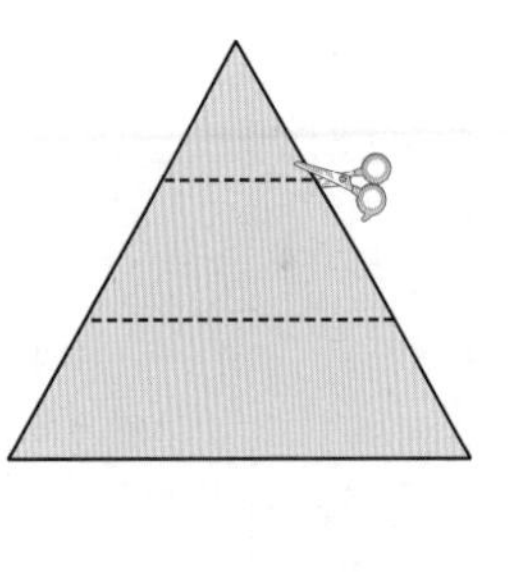

(   )

10

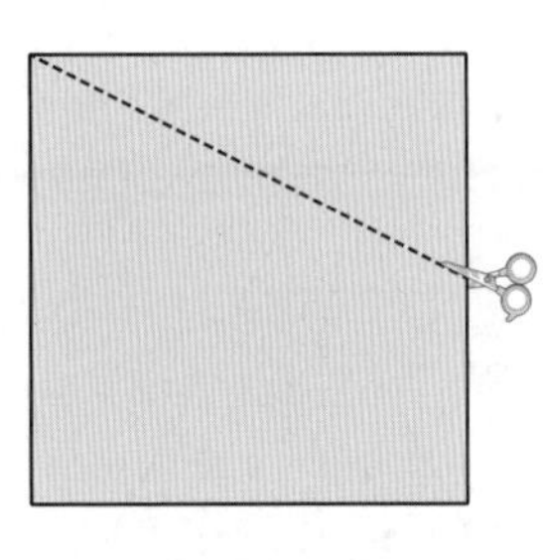

(   )

11

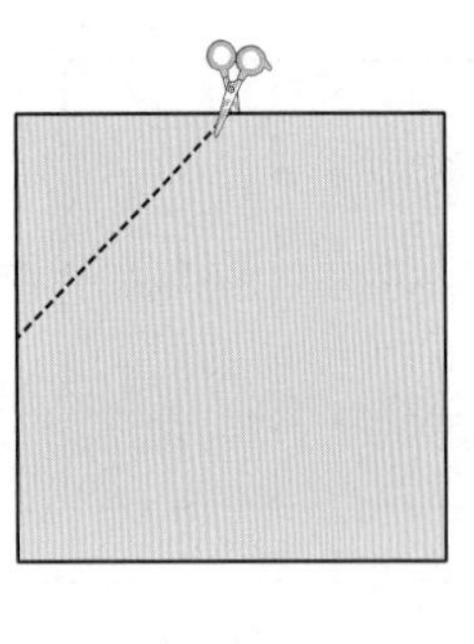

(   )

12

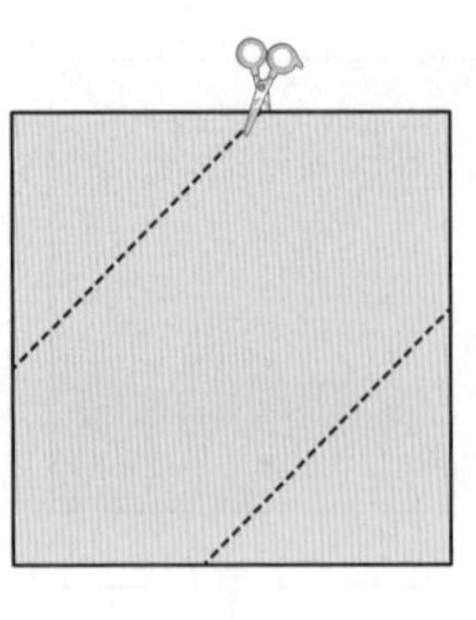

(   )

이름 :
날짜 :
시간 : : ~ :

칠교판으로 모양 만들기

칠교판 조각으로 삼각형·사각형 만들기 ①

★ 다음 물음에 답하세요. 학습자료 〈칠교판〉 사용

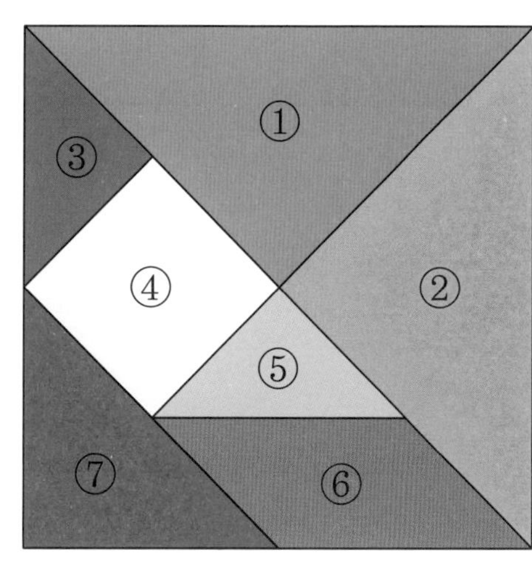

1 칠교판 조각은 모두 몇 개인가요?

( )개

2 칠교판의 조각을 삼각형과 사각형으로 나누어 빈칸에 번호를 써넣으세요.

삼각형	사각형

3 두 조각을 모두 이용하여 삼각형과 사각형을 만들어 보세요.

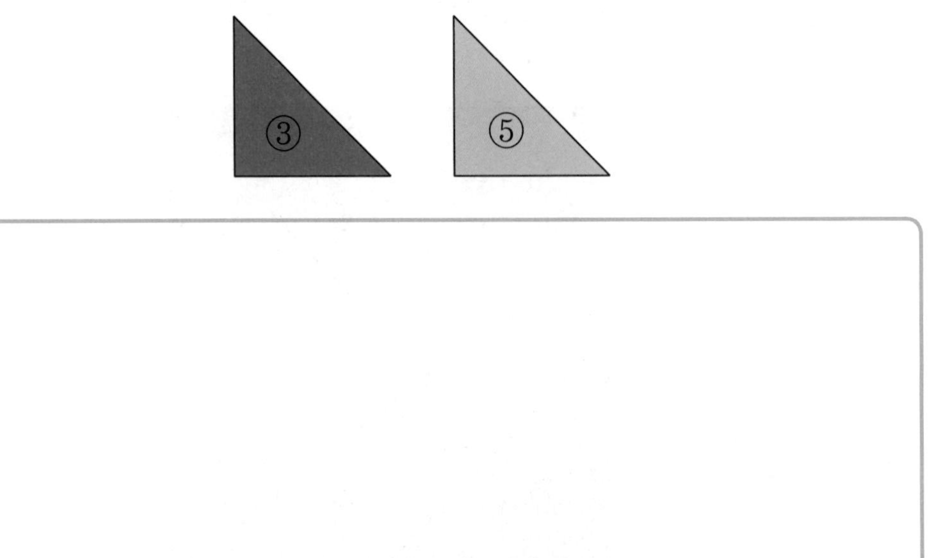

4 세 조각을 모두 이용하여 삼각형과 사각형을 만들어 보세요.

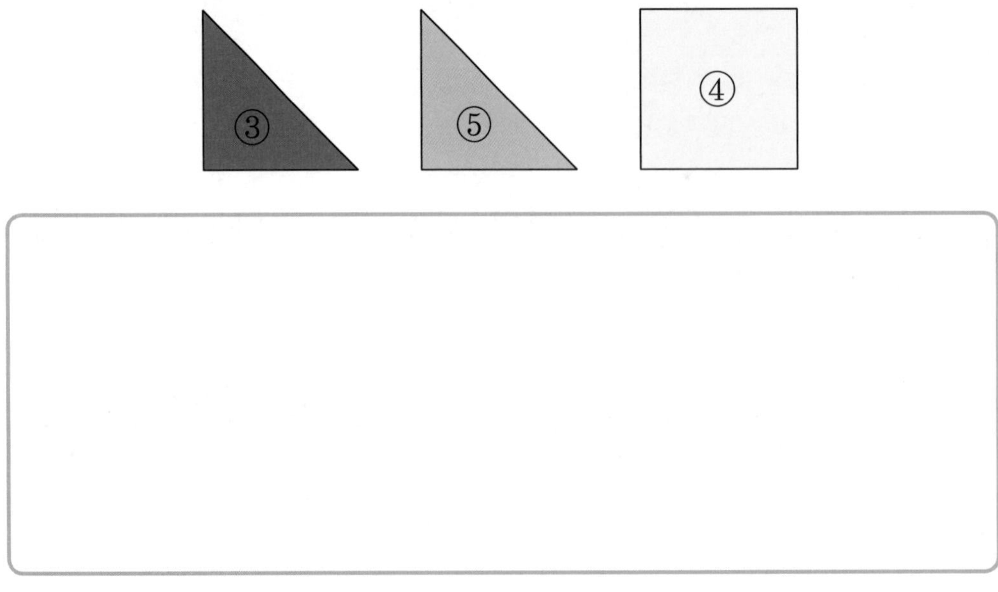

칠교판으로 모양 만들기

이름 :
날짜 :
시간 : : ~ :

칠교판 조각으로 삼각형 · 사각형 만들기 ②

★ 다음 물음에 답하세요. 학습자료 〈칠교판〉 사용

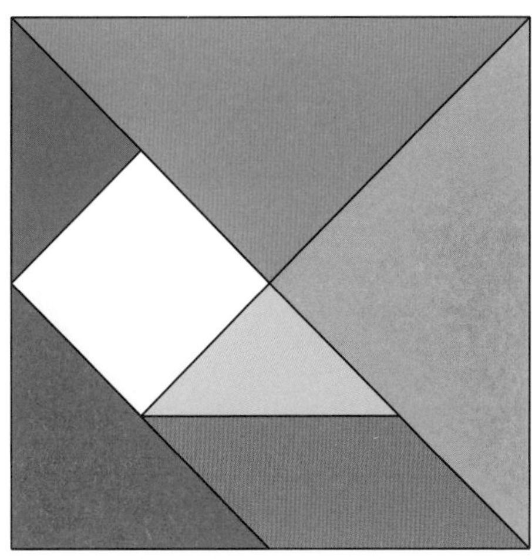

1 두 조각을 모두 이용하여 서로 다른 사각형을 만들어 보세요.

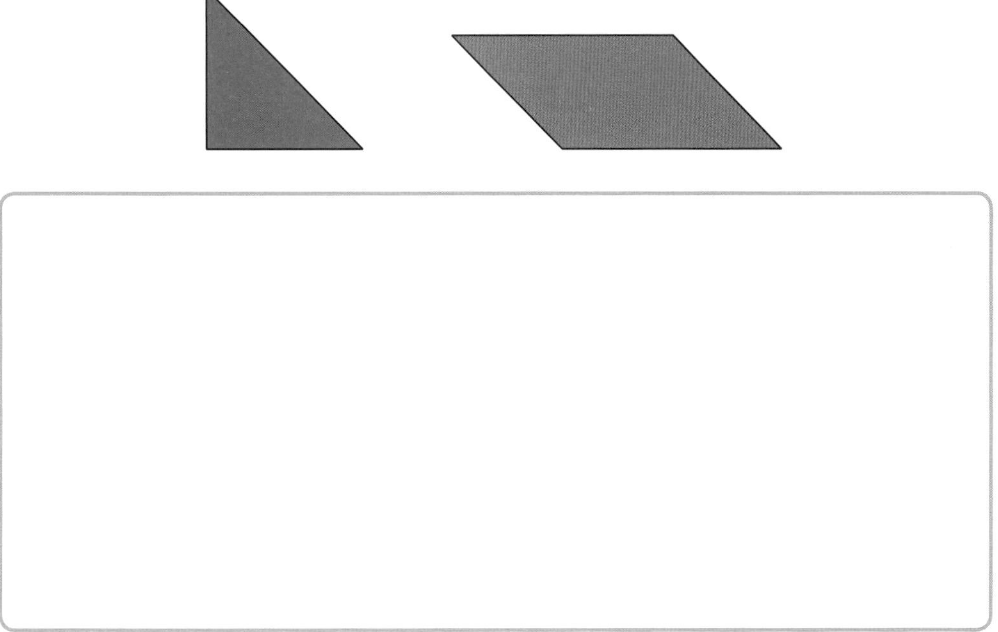

2 세 조각을 모두 이용하여 삼각형과 사각형을 만들어 보세요.

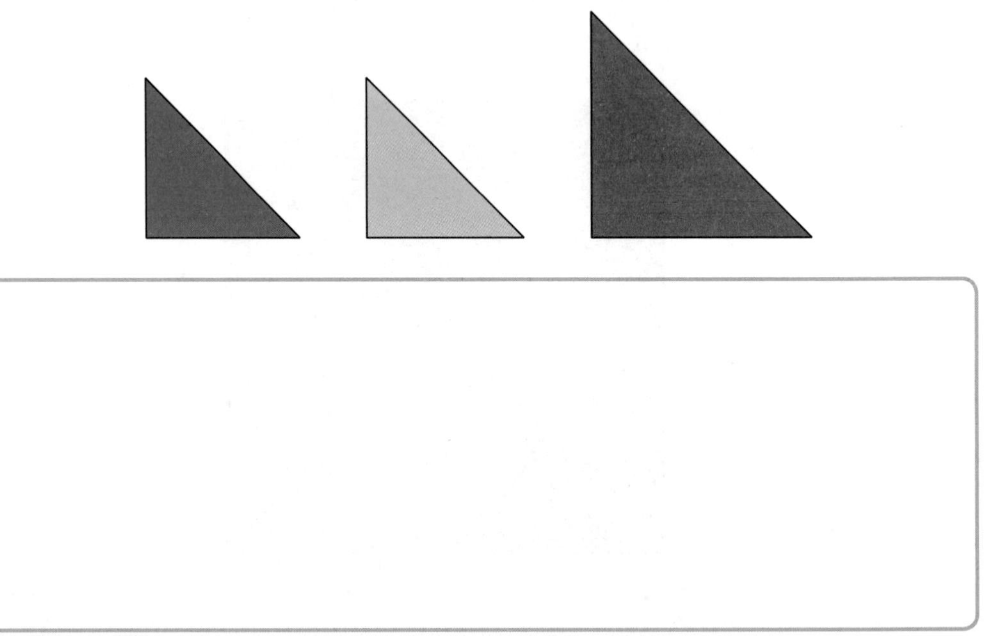

3 세 조각을 모두 이용하여 삼각형과 사각형을 만들어 보세요.

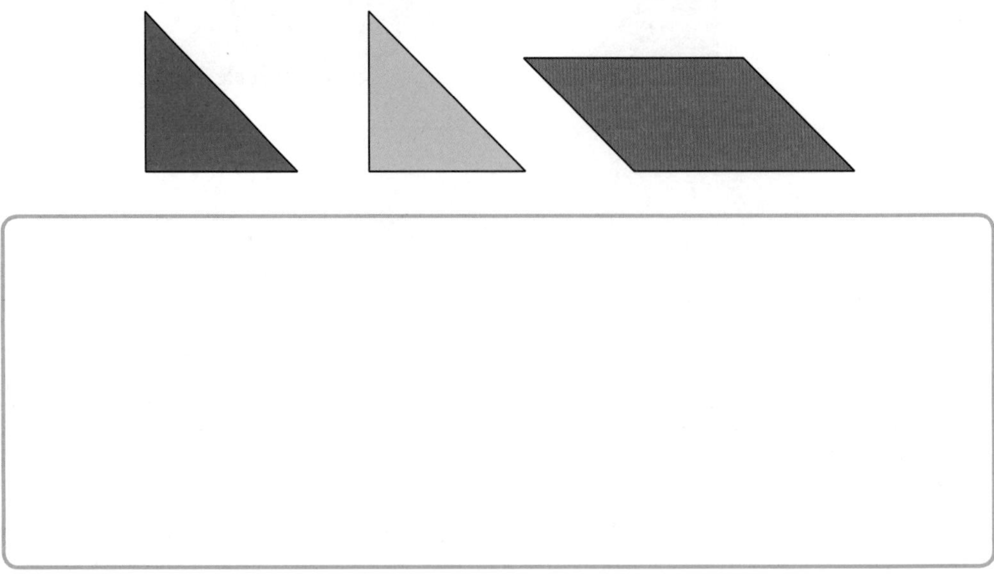

칠교판으로 모양 만들기

이름 :
날짜 :
시간 : : ~ :

칠교판 조각으로 여러 가지 도형 만들기 ①

★ 칠교판의 세 조각을 모두 이용하여 다음 도형을 만들어 보세요.

학습자료 〈칠교판〉 사용

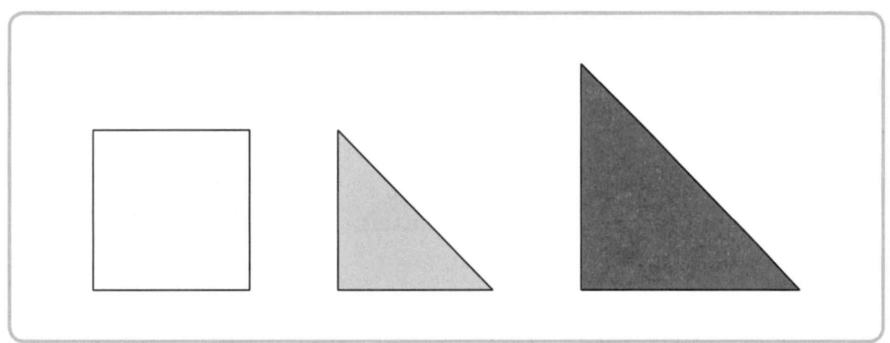

1

2

★ 칠교판의 세 조각을 모두 이용하여 다음 도형을 만들어 보세요.

학습자료 〈칠교판〉 사용

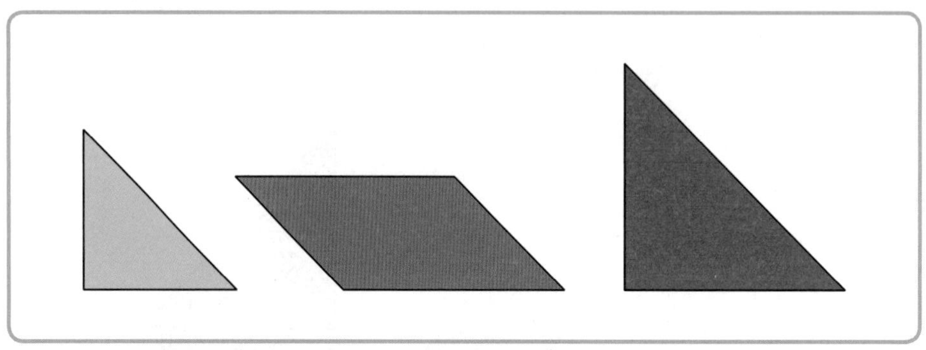

3

4

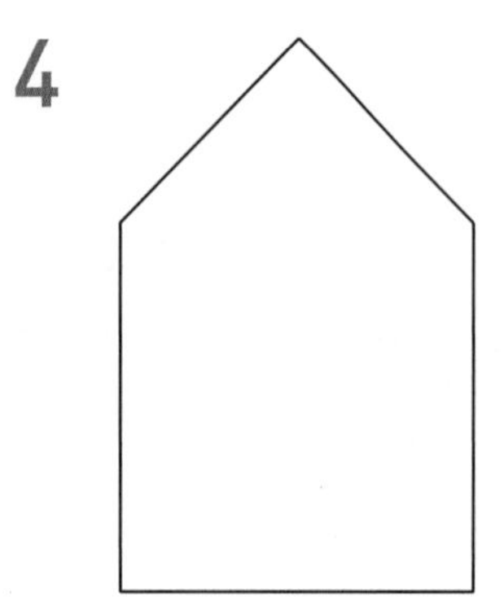

이름 :
날짜 :
시간 : : ~ :

18a

칠교판으로 모양 만들기

칠교판 조각으로 여러 가지 도형 만들기 ②

★ 칠교판의 네 조각을 모두 이용하여 다음 도형을 만들어 보세요.

학습자료 〈칠교판〉 사용

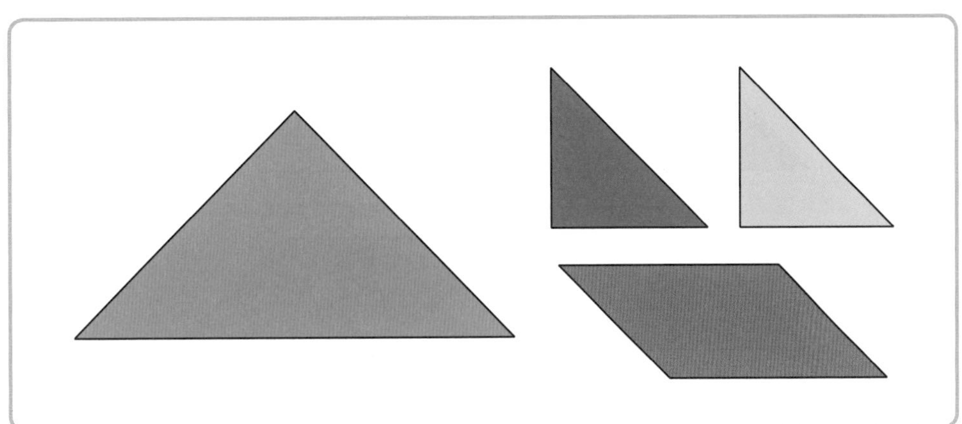

1

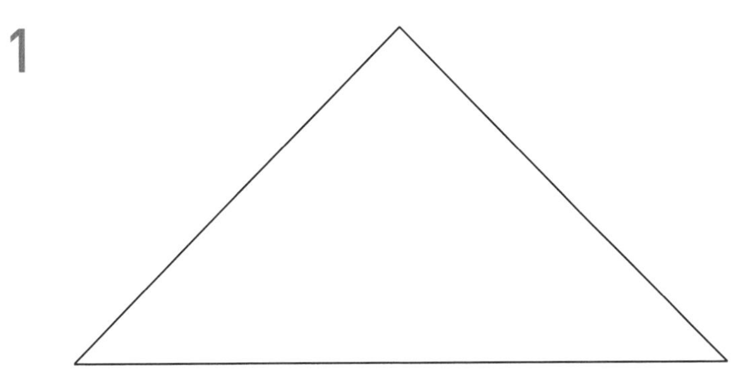

2

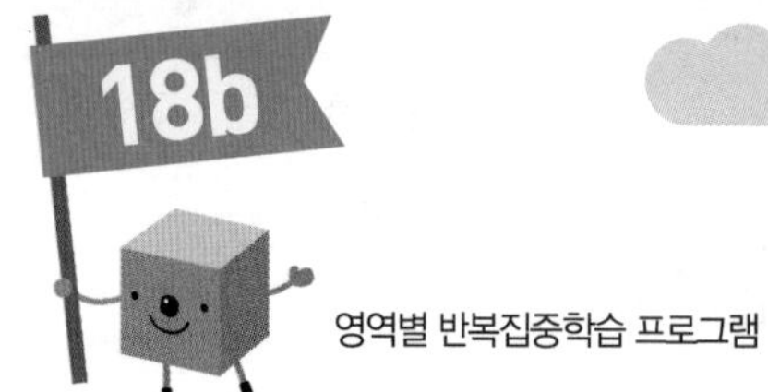

★ 칠교판의 네 조각을 모두 이용하여 다음 도형을 만들어 보세요.

학습자료 〈칠교판〉 사용

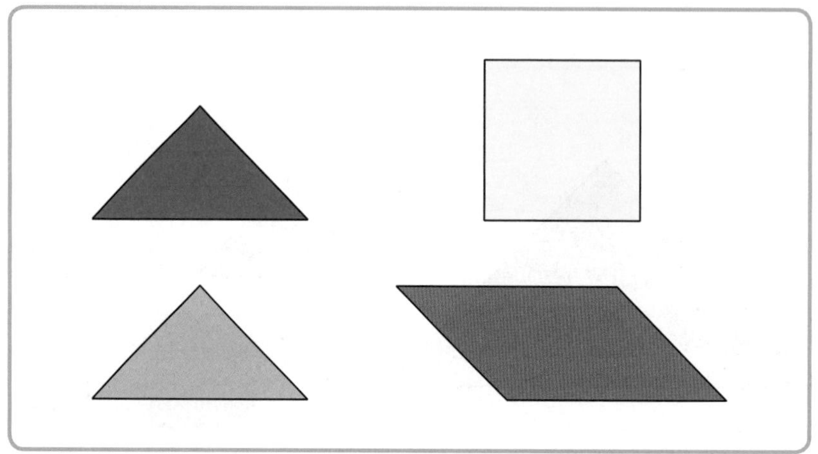

3

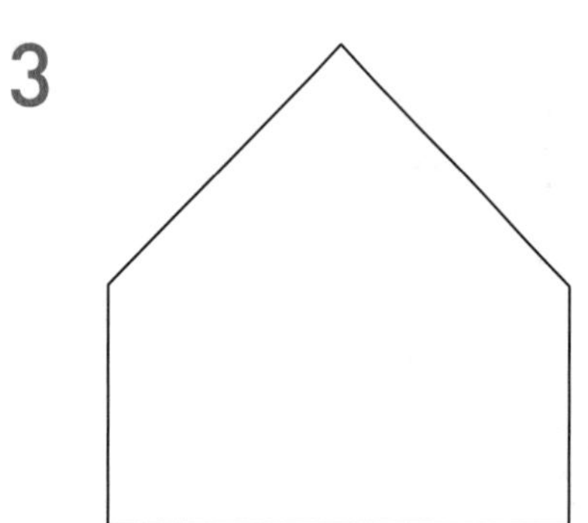

4

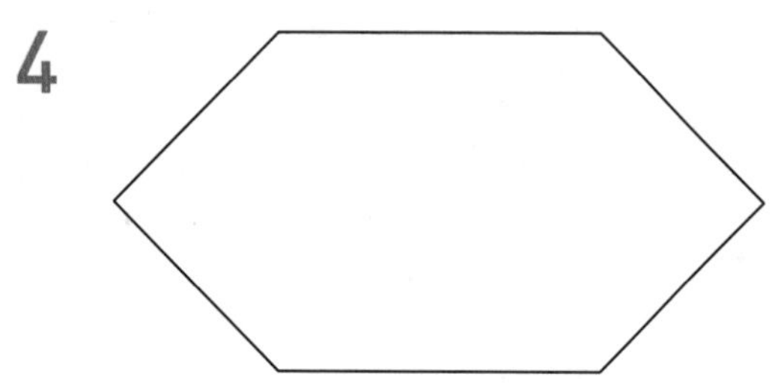

칠교판으로 모양 만들기

이름 :

날짜 :

시간 : : ~ :

칠교판 조각으로 여러 가지 모양 만들기 ①

1 칠교판 7개의 조각을 모두 한 번씩 이용하여 물고기를 만들려고 합니다. 물고기를 완성해 보세요. 학습자료 〈칠교판〉 사용

2 칠교판 7개의 조각을 모두 한 번씩 이용하여 새를 만들려고 합니다. 새를 완성해 보세요. 학습자료 〈칠교판〉 사용

칠교판으로 모양 만들기

이름 :
날짜 :
시간 : : ~ :

칠교판 조각으로 여러 가지 모양 만들기 ②

1 칠교판 7개의 조각을 모두 한 번씩 이용하여 여우를 만들려고 합니다. 여우를 완성해 보세요. 학습자료 〈칠교판〉 사용

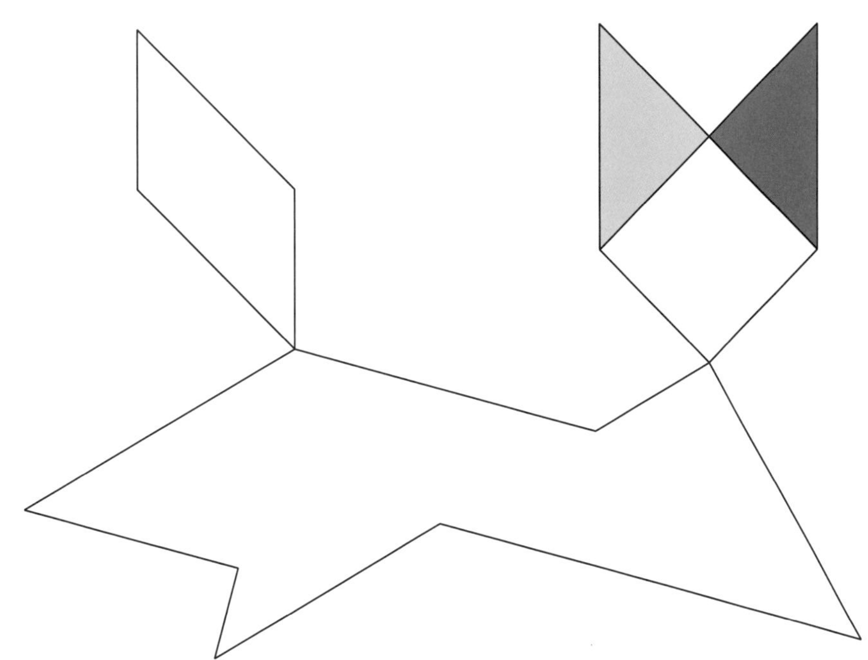

2 칠교판 7개의 조각을 모두 한 번씩 이용하여 독수리를 만들려고 합니다. 독수리를 완성해 보세요. 학습자료 〈칠교판〉 사용

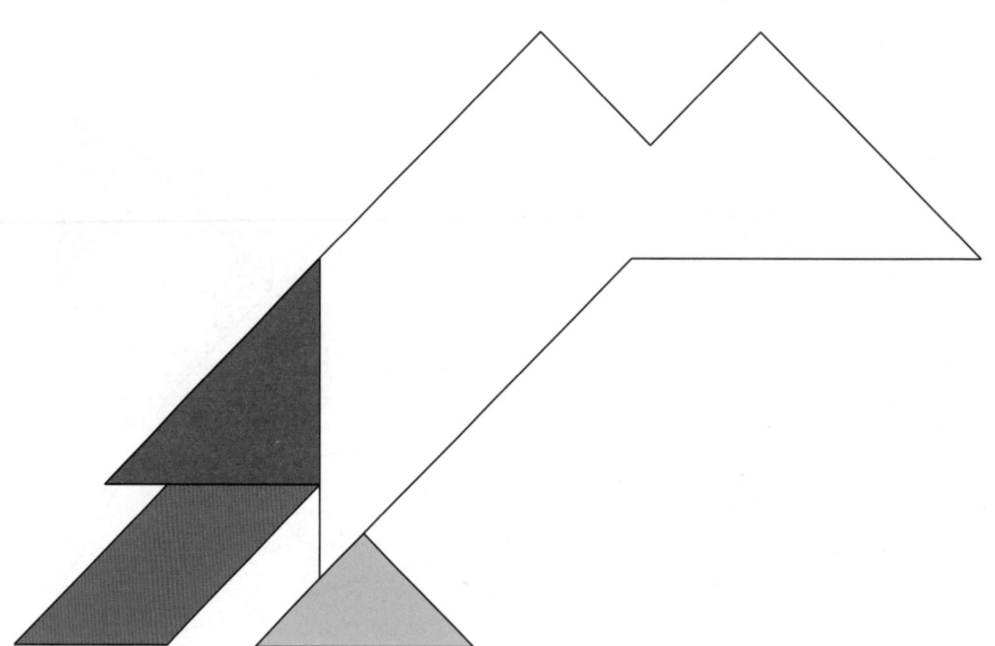

똑같은 모양으로 쌓기

이름 :
날짜 :
시간 : : ~ :

똑같은 모양 찾기 ①

★ 보기 와 똑같은 모양으로 쌓은 모양을 찾아 기호를 쓰세요.

1
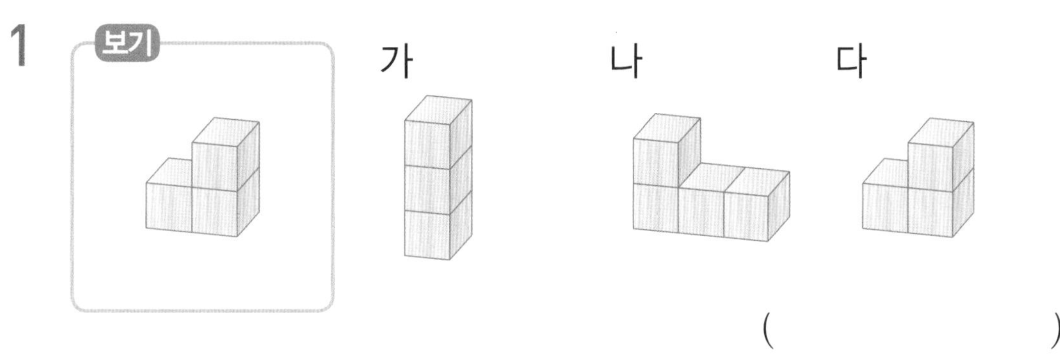

( )

2
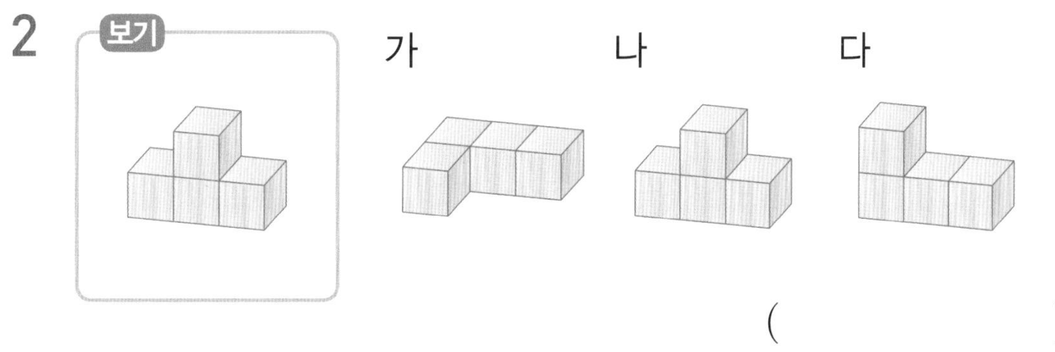

( )

3
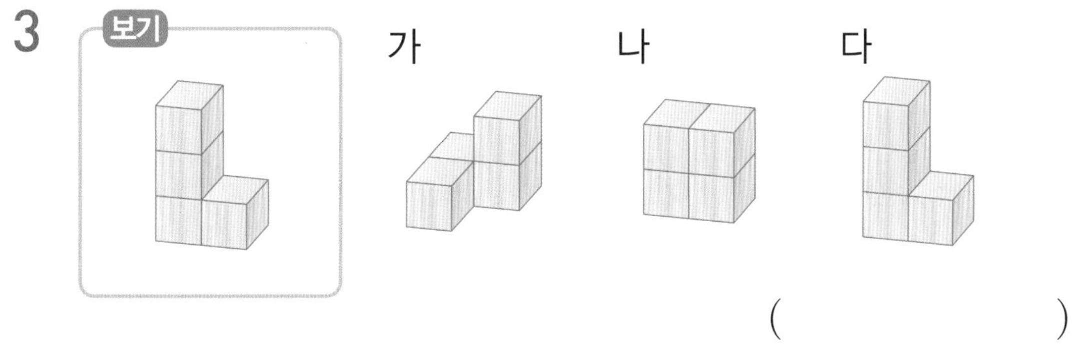

( )

4
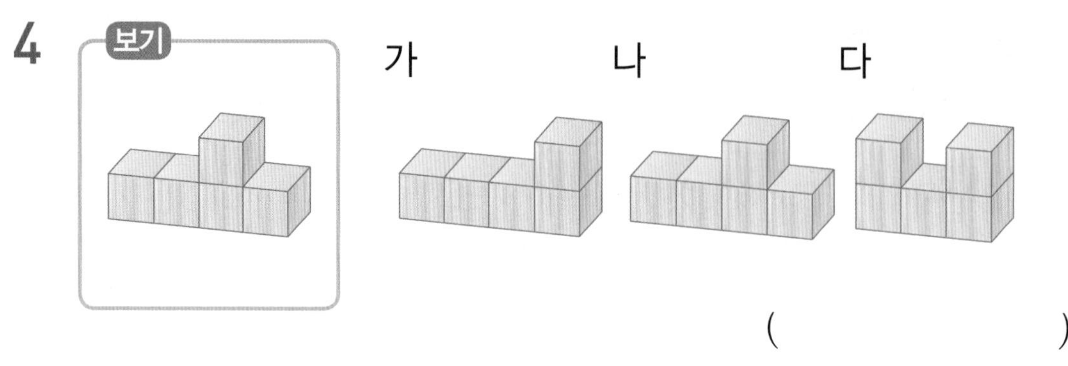

( )

5
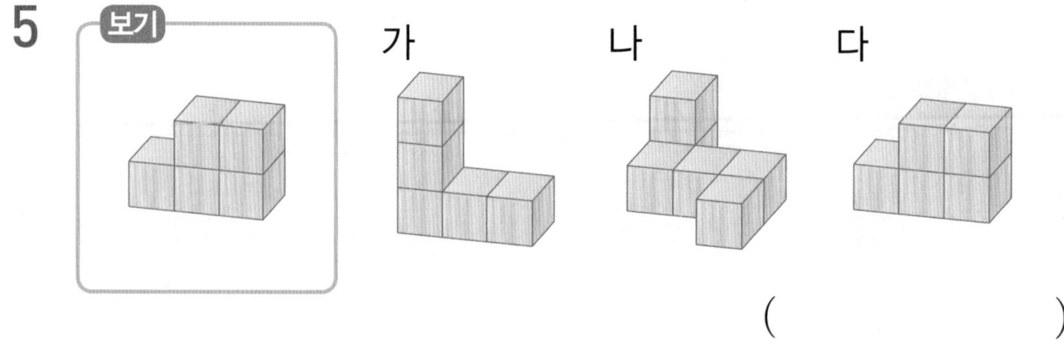

( )

6
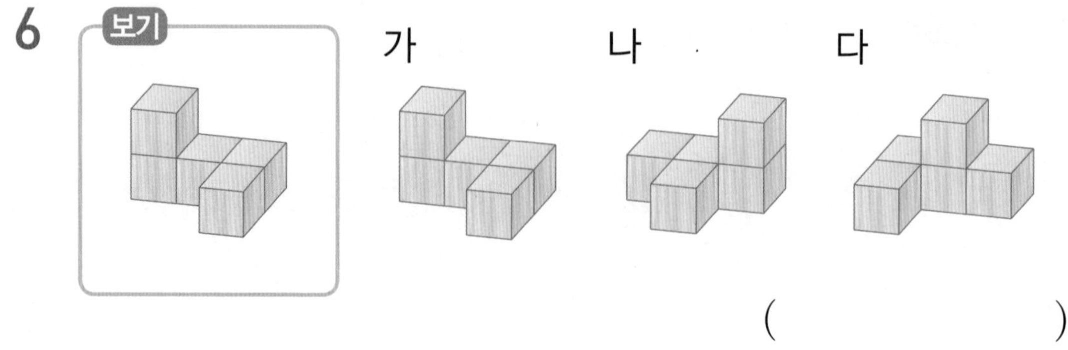

( )

똑같은 모양으로 쌓기

이름 :
날짜 :
시간 : : ~ :

똑같은 모양 찾기 ②

★ 똑같은 모양끼리 이어 보세요.

1 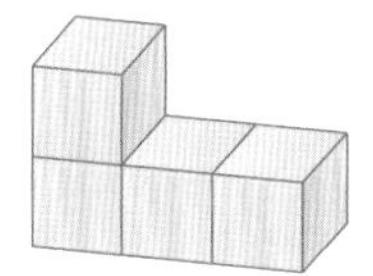 • • ㉠ 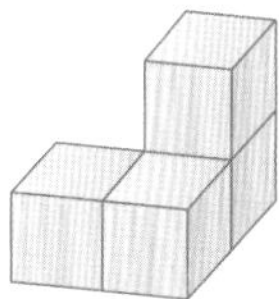

2 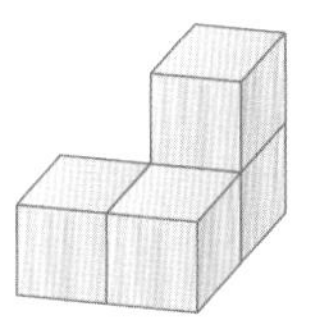 • • ㉡ 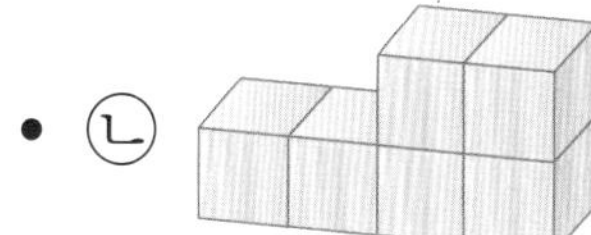

3 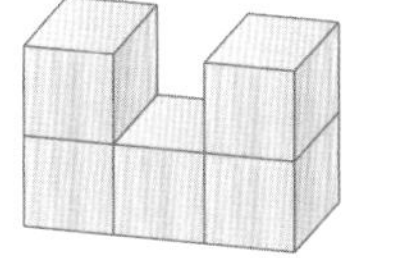 • • ㉢ 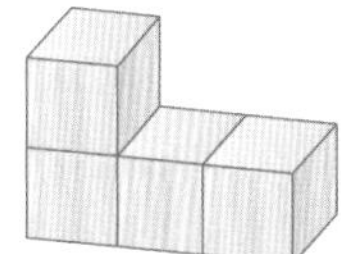

4 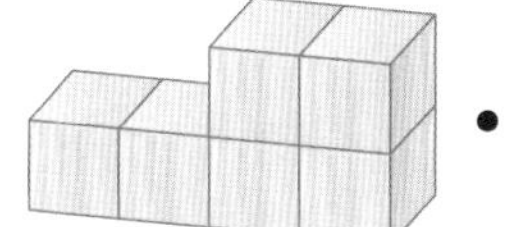 • • ㉣ 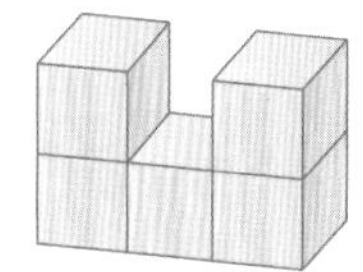

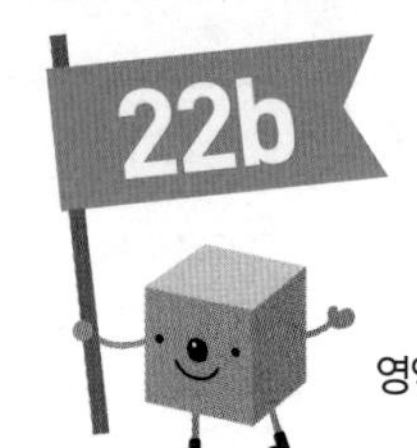

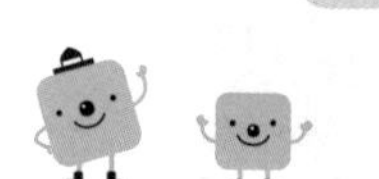

★ 똑같은 모양끼리 이어 보세요.

5 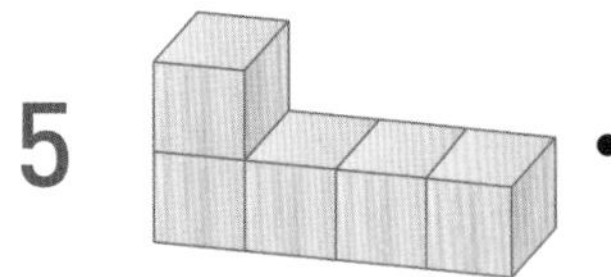 • • ㉠ 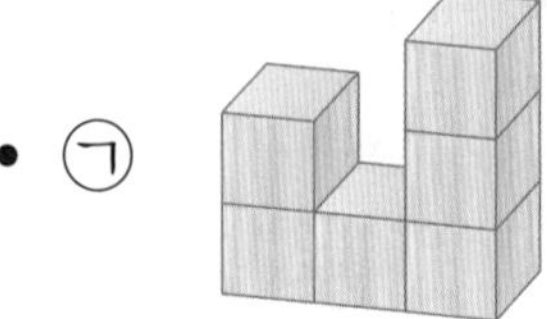

6 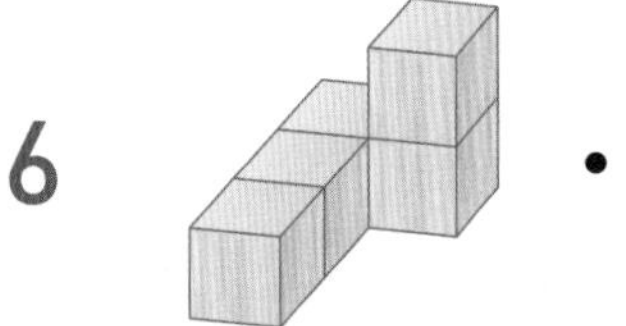 • • ㉡ 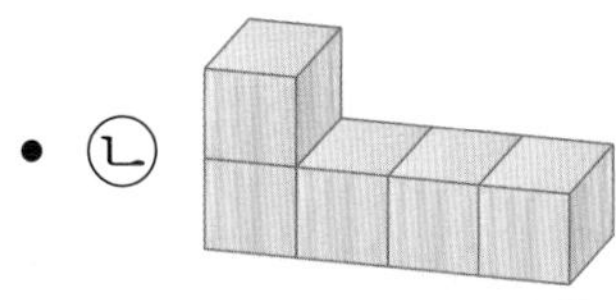

7 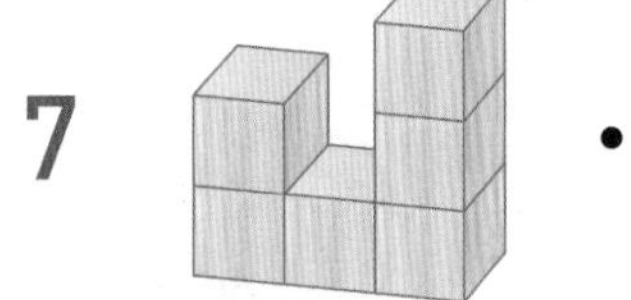 • • ㉢ 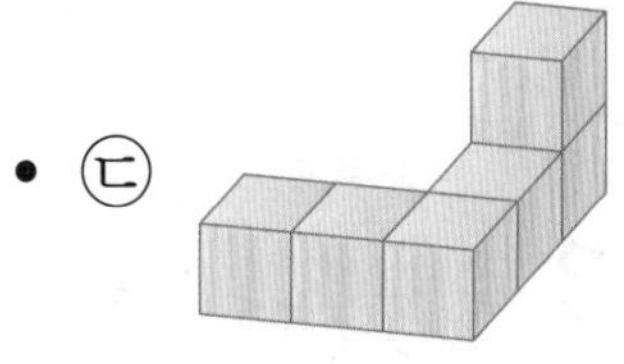

8 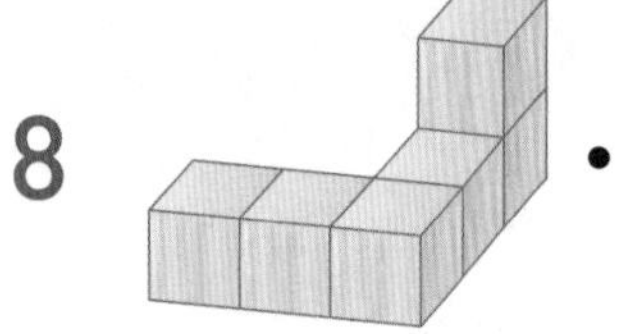 • • ㉣ 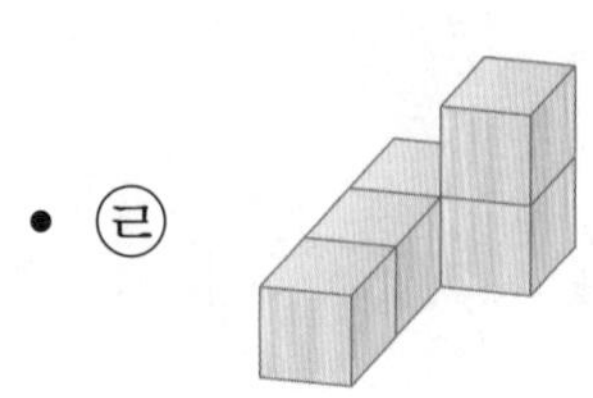

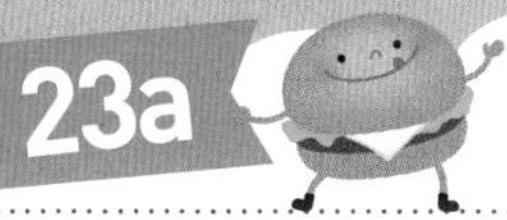

똑같은 모양으로 쌓기

이름 :
날짜 :
시간 : : ~ :

필요한 쌓기나무 개수 알기 ①

★ 똑같은 모양으로 쌓으려면 쌓기나무가 몇 개 필요한지 구해 보세요.

1

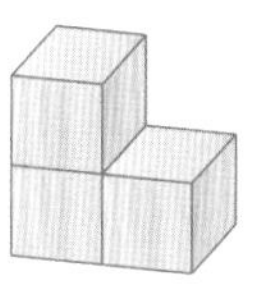

☐ 개

2

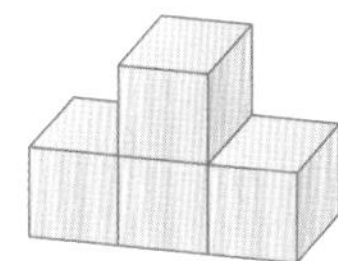

☐ 개

3

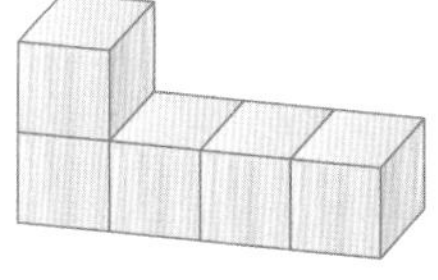

☐ 개

4

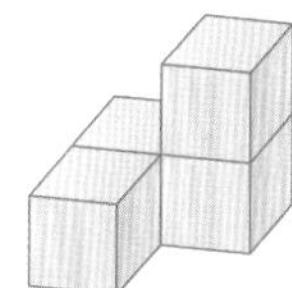

☐ 개

5

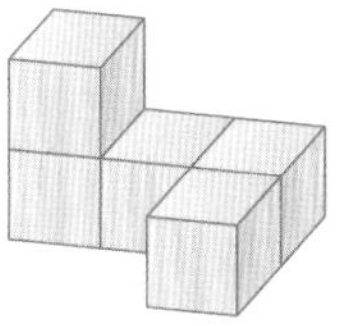

☐ 개

6

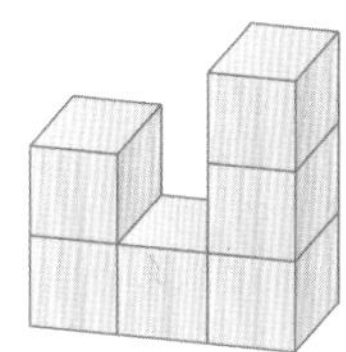

☐ 개

7

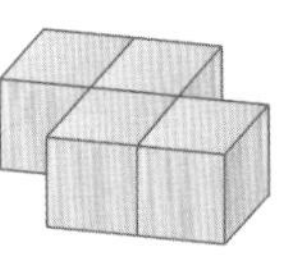

☐개

8

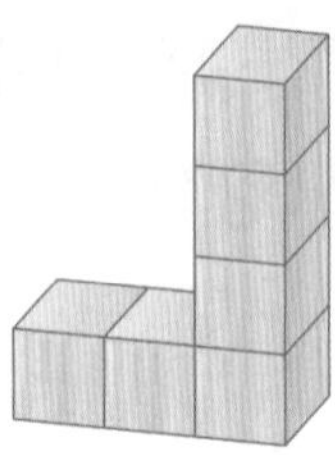

☐개

9

☐개

10

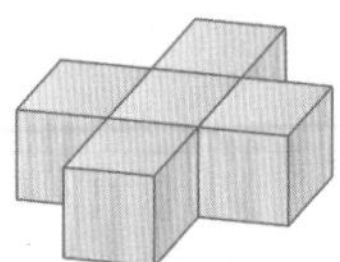

☐개

11

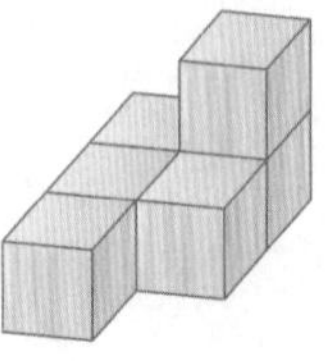

☐개

12

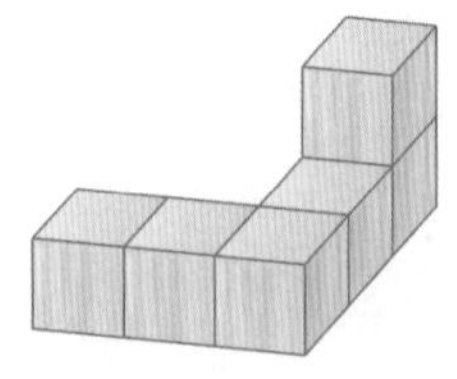

☐개

이름 :
날짜 :
시간 : : ~ :

똑같은 모양으로 쌓기

필요한 쌓기나무 개수 알기 ②

★ 똑같은 모양으로 쌓으려면 쌓기나무가 몇 개 필요한지 구해 보세요.

1

□개

쌓기나무의 수는 보이지 않는 쌓기나무까지 생각하여 세어야 합니다.

2

□개

3

□개

4

□개

5

□개

6

□개

7

☐개

8

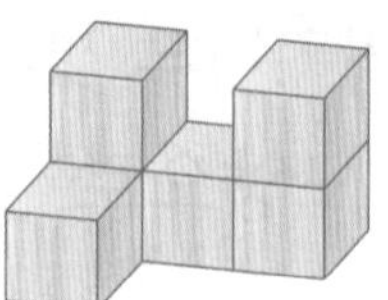

☐개

9

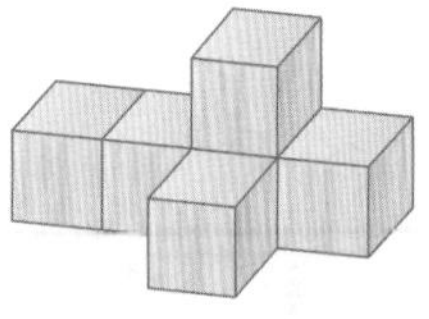

☐개

10

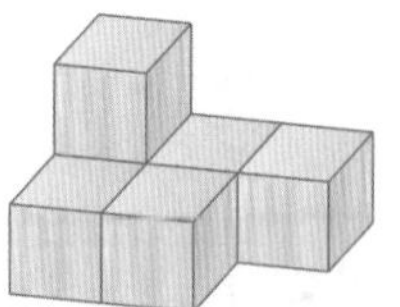

☐개

11

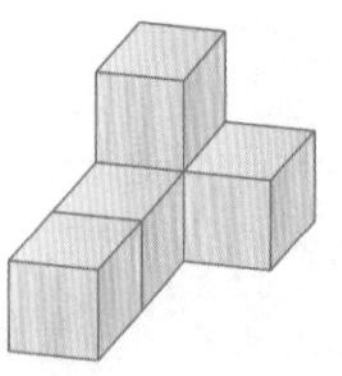

☐개

12

☐개

똑같은 모양으로 쌓기

이름 :

날짜 :

시간 : : ~ :

설명하는 쌓기나무 찾기 ①

★ 빨간색 쌓기나무의 오른쪽에 있는 쌓기나무를 찾아 ○표 하세요.

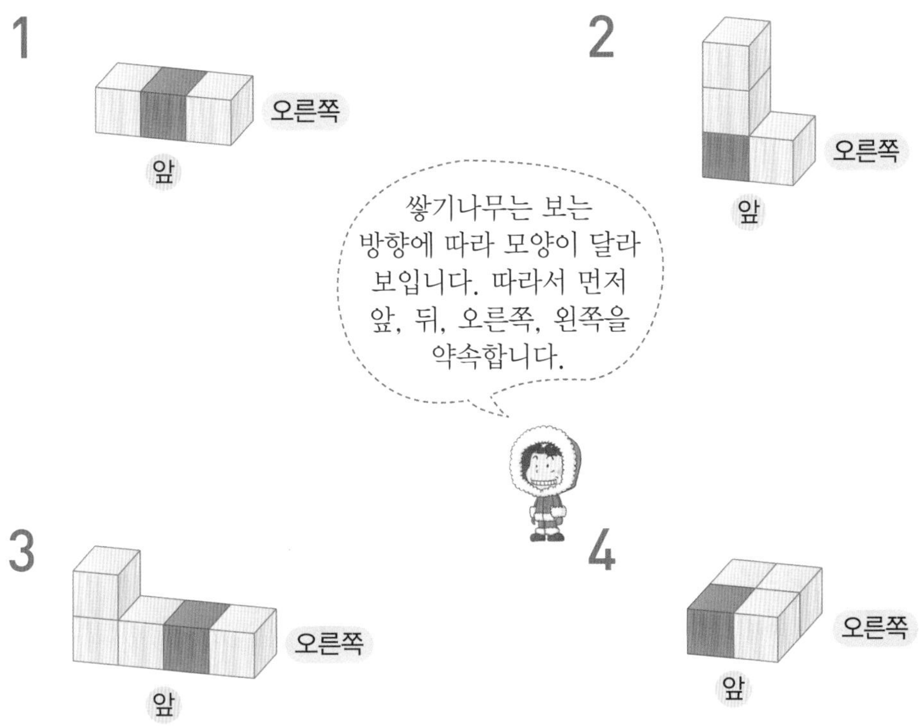

★ 빨간색 쌓기나무의 왼쪽에 있는 쌓기나무를 찾아 ○표 하세요.

7

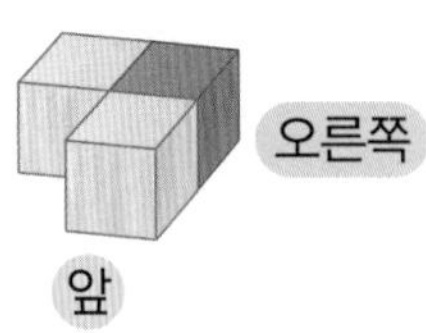

8

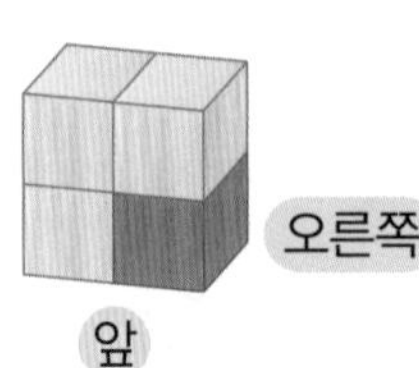

9

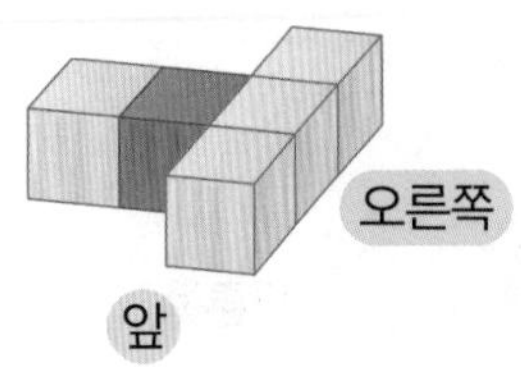

10

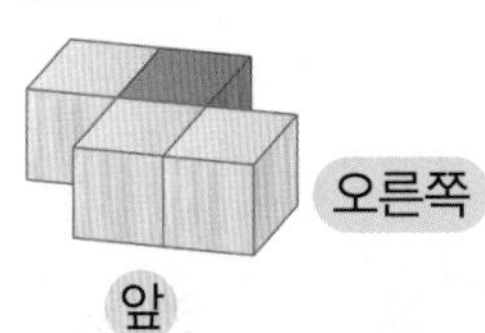

11

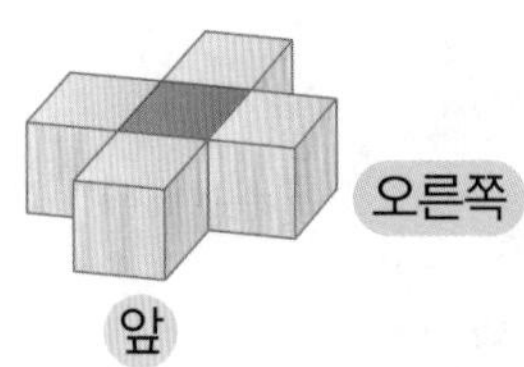

12

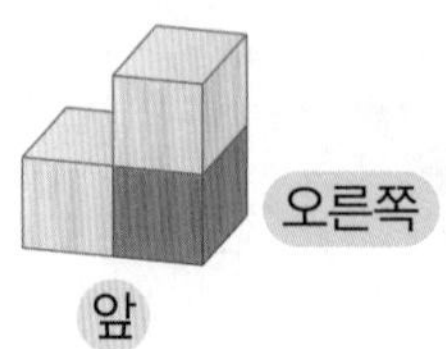

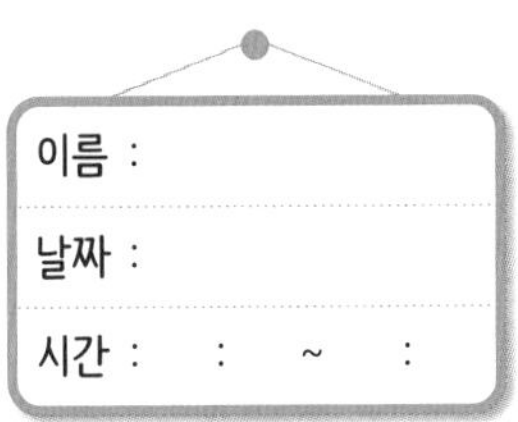

똑같은 모양으로 쌓기

설명하는 쌓기나무 찾기 ②

★ 빨간색 쌓기나무의 위에 있는 쌓기나무를 찾아 ○표 하세요.

1

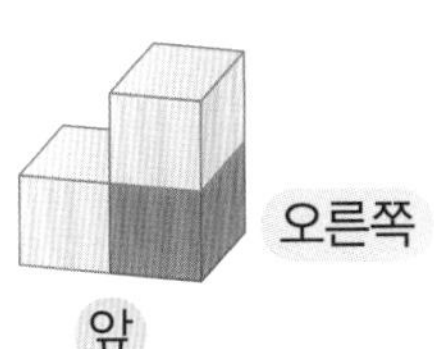

2

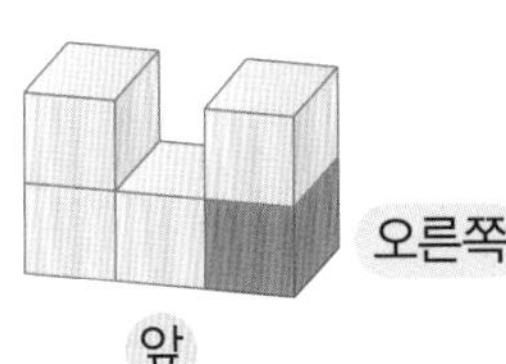

3

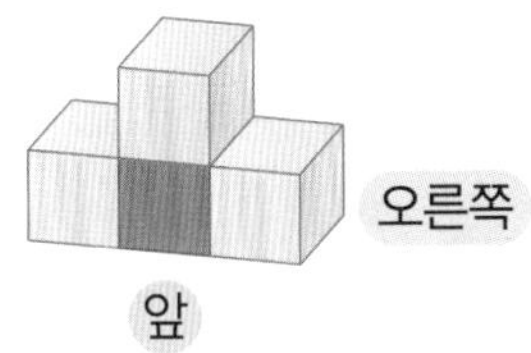

4

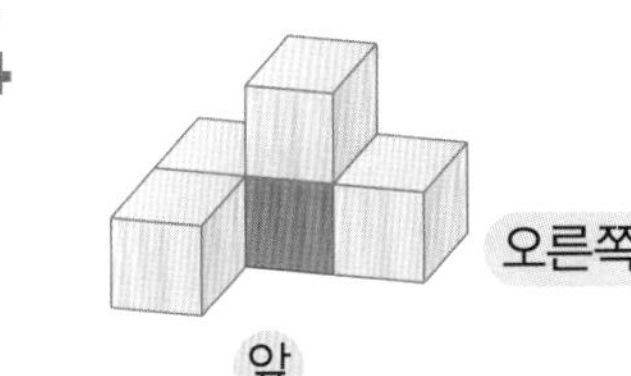

5

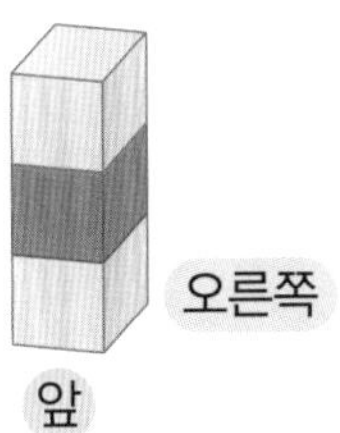

6

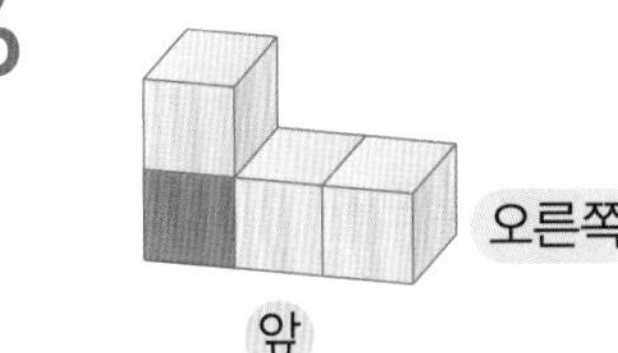

★ 빨간색 쌓기나무의 앞에 있는 쌓기나무를 찾아 ○표 하세요.

7

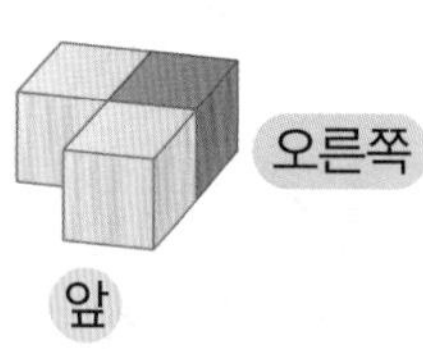

8

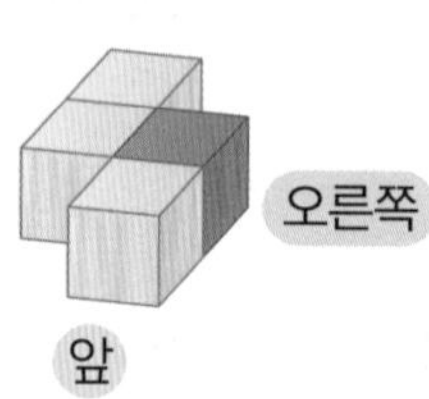

9

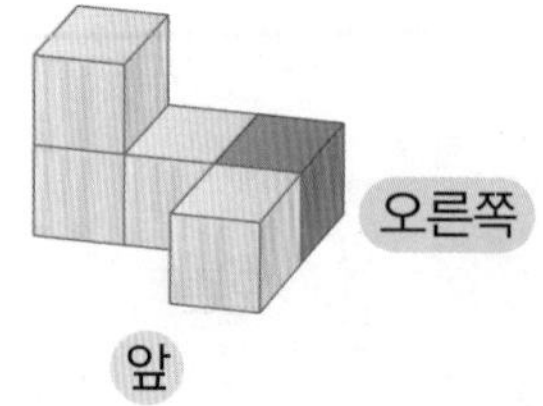

10

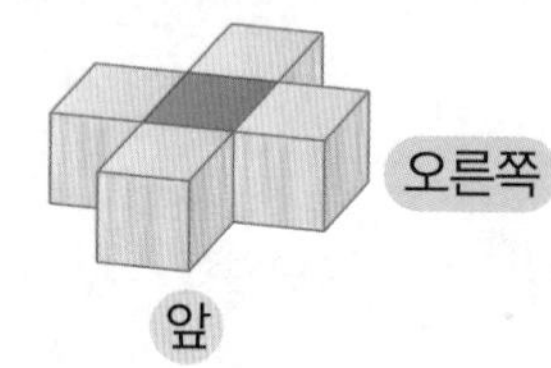

11

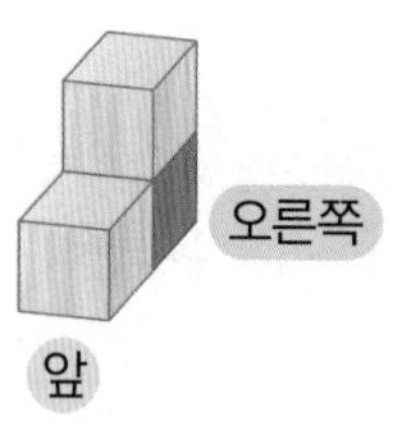

12

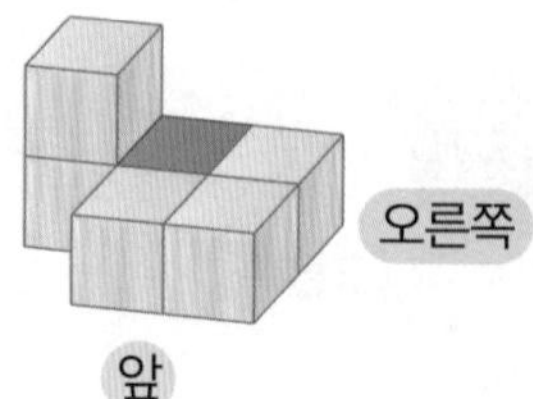

똑같은 모양으로 쌓기

쌓기나무를 빼서 똑같은 모양 만들기 ①

★ 왼쪽 모양을 오른쪽 모양과 똑같이 만들려고 합니다. 빼야 하는 쌓기나무를 찾아 ○표 하세요.

1

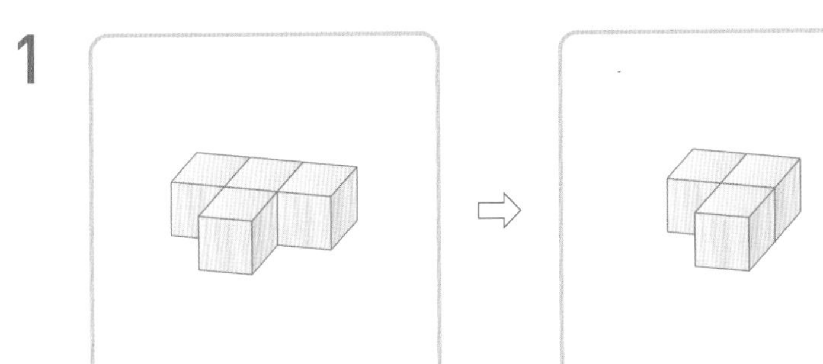

2

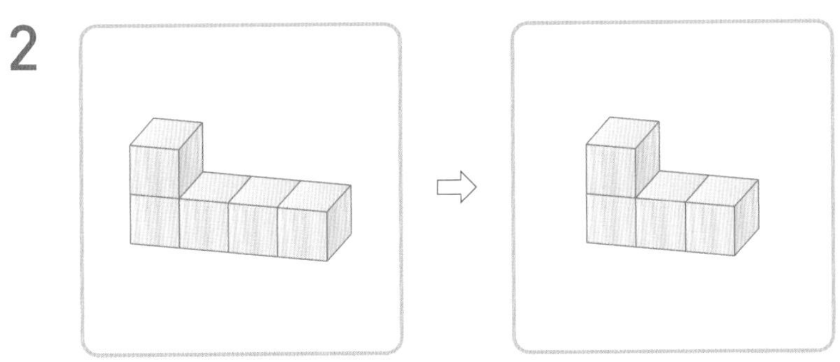

3

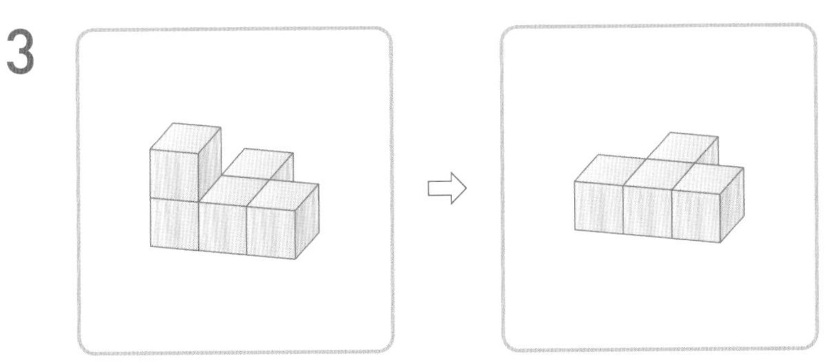

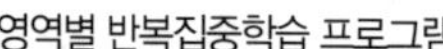

4

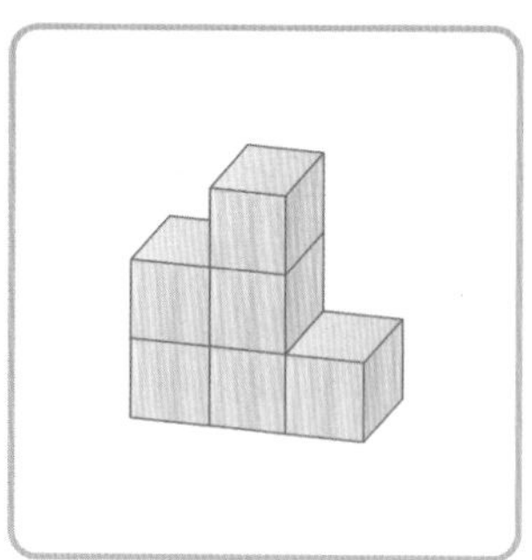

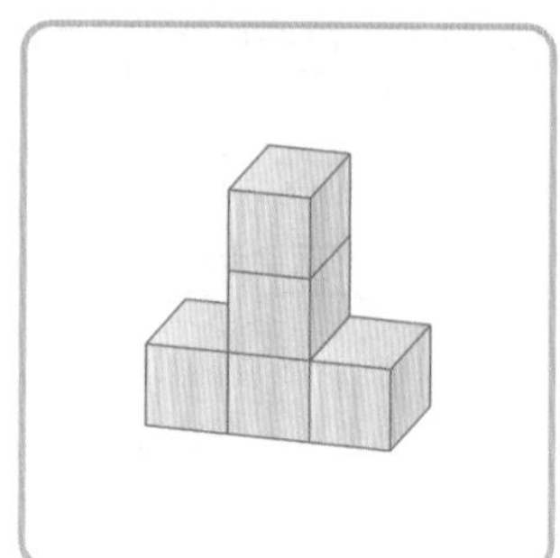

5

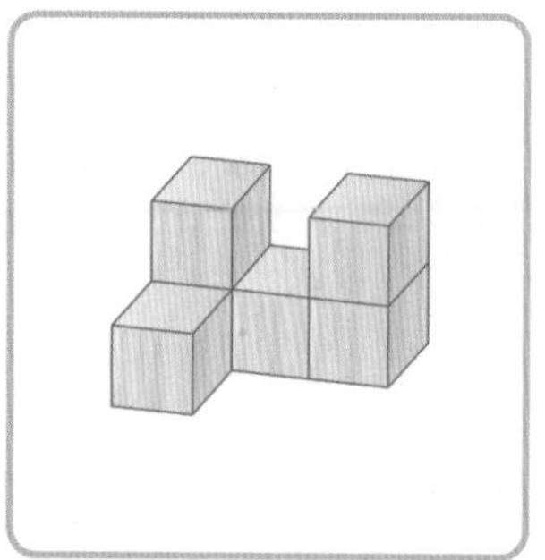

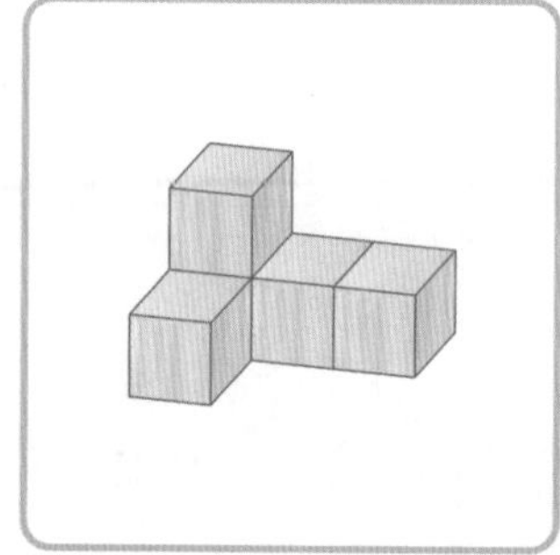

6

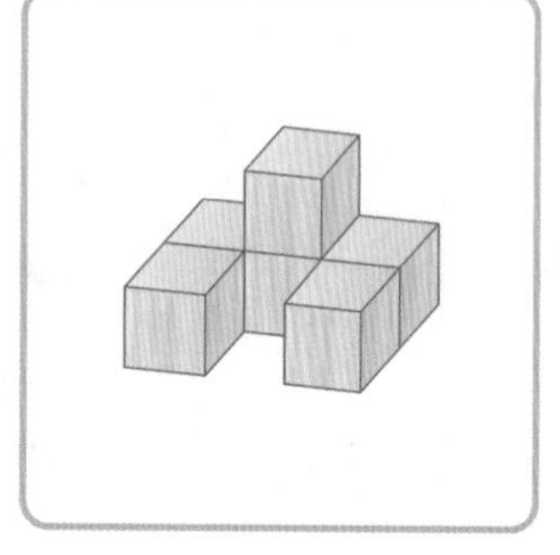

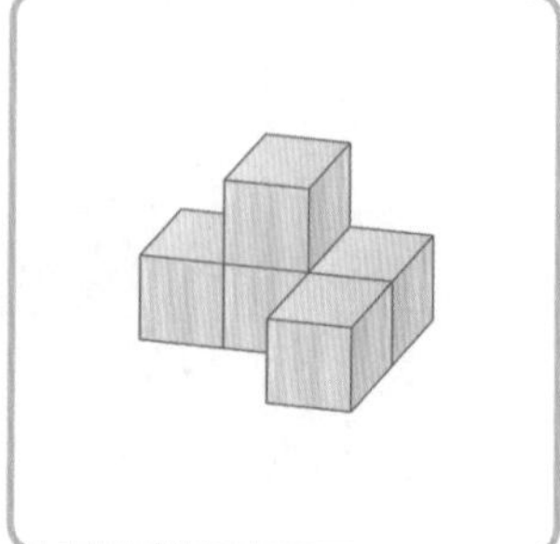

똑같은 모양으로 쌓기

이름 :
날짜 :
시간 : : ~ :

쌓기나무를 빼서 똑같은 모양 만들기 ②

★ 왼쪽 모양을 오른쪽 모양과 똑같이 만들려고 합니다. 빼야 하는 쌓기나무를 찾아 ○표 하세요.

1

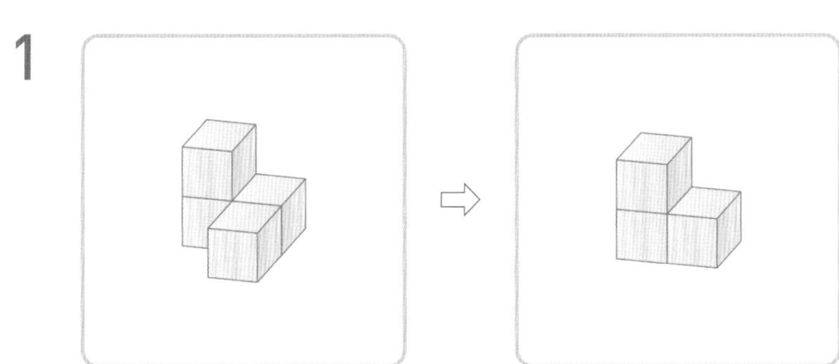

2

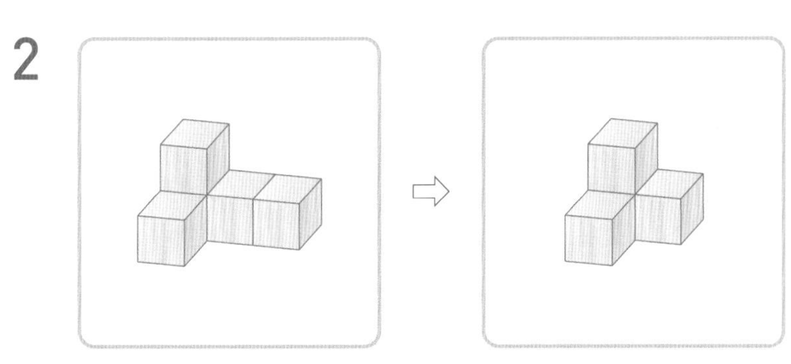

3

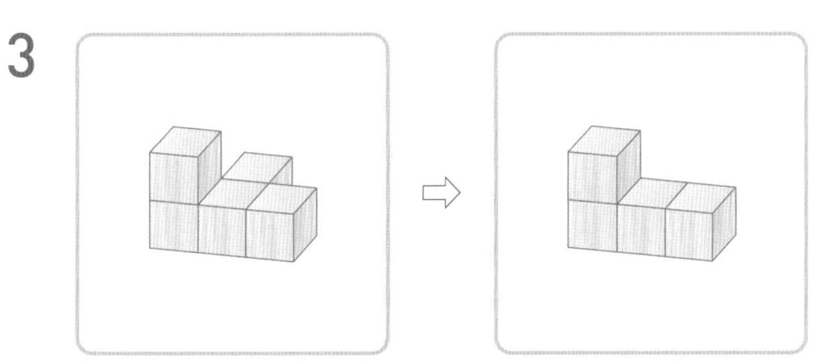

4

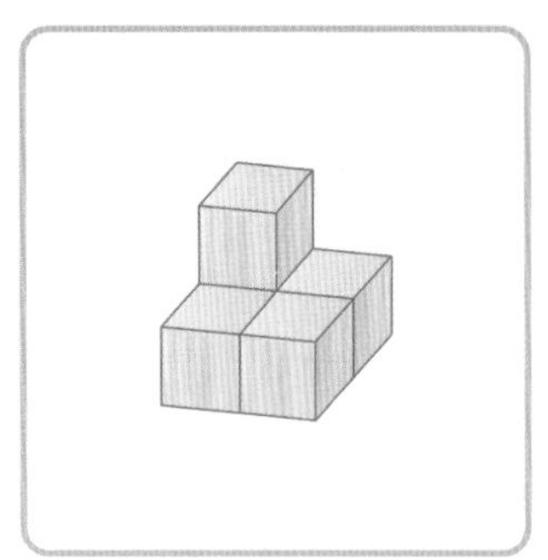

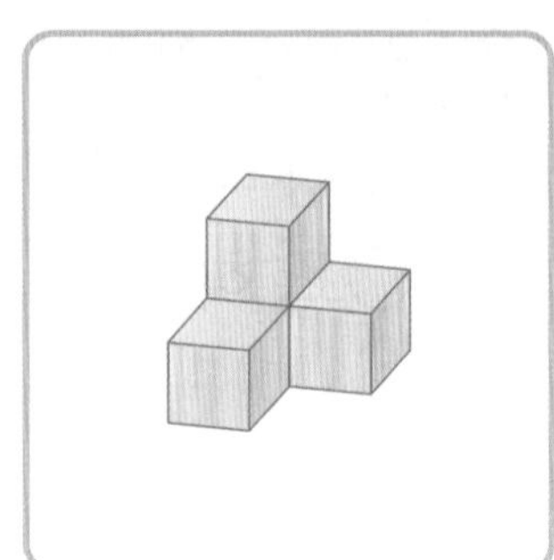

5

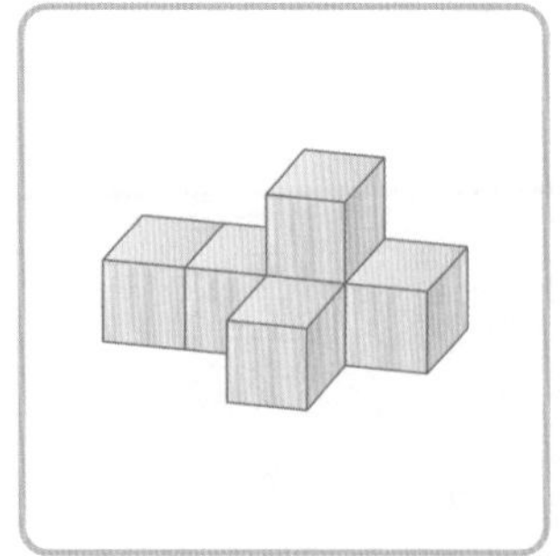

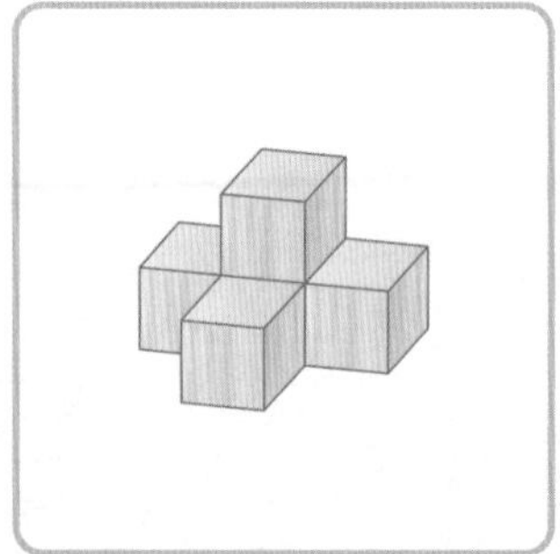

6

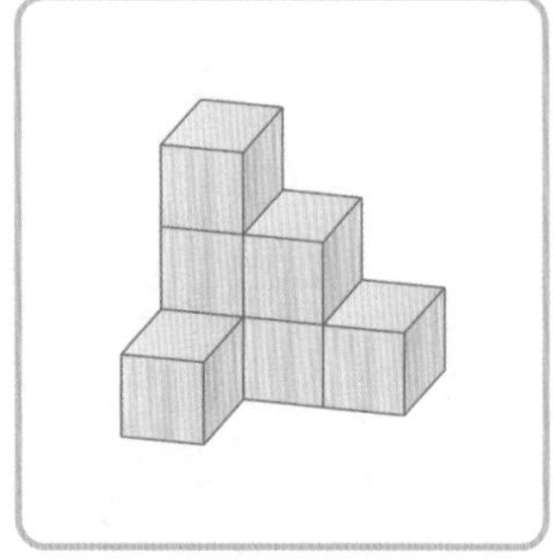

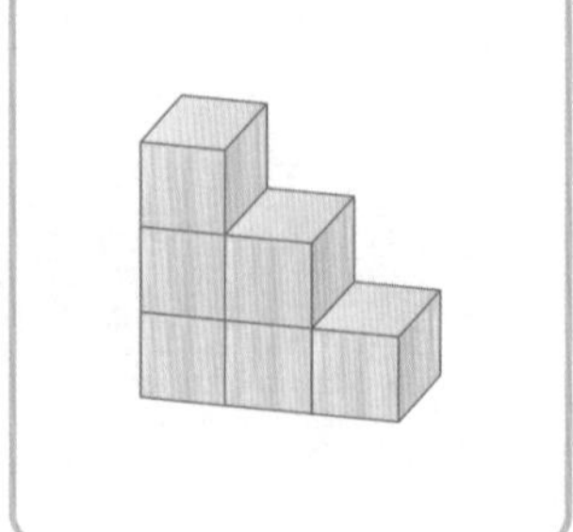

똑같은 모양으로 쌓기

이름 :
날짜 :
시간 : : ~ :

쌓기나무를 움직여서 똑같은 모양 만들기 ①

★ 왼쪽 모양에서 쌓기나무 1개를 움직여 오른쪽과 똑같은 모양을 만들려고 합니다. 움직여야 할 쌓기나무의 기호를 쓰세요.

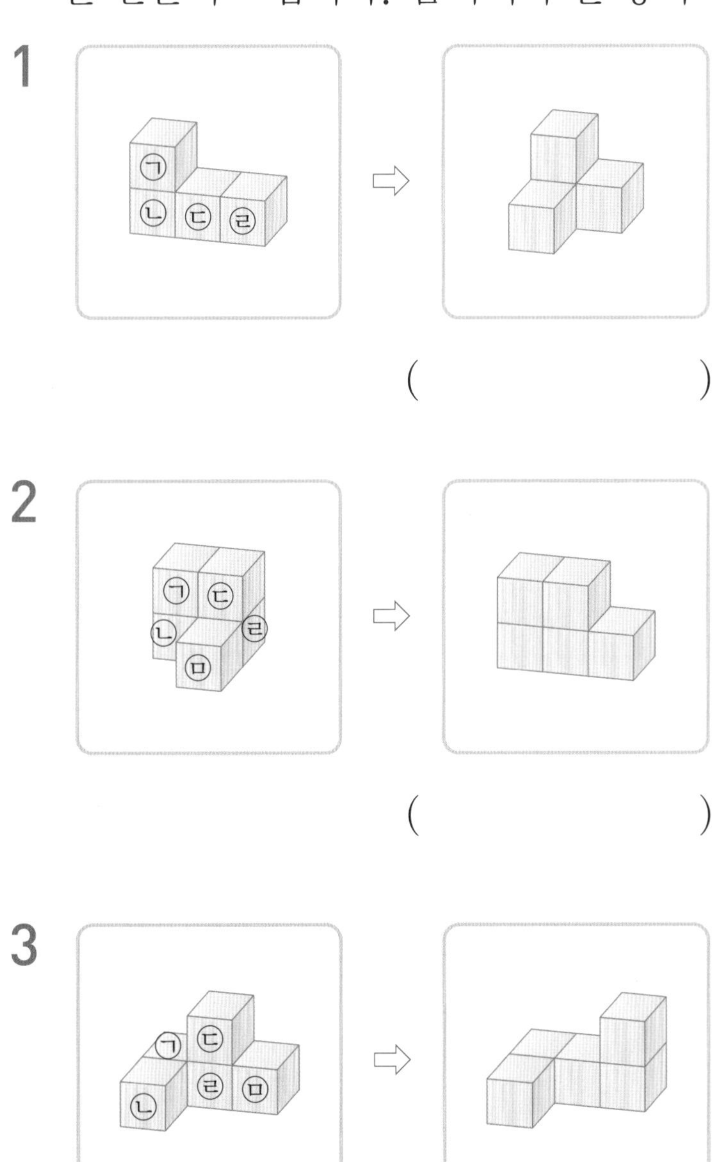

1 ( )

2 ( )

3 ( )

4

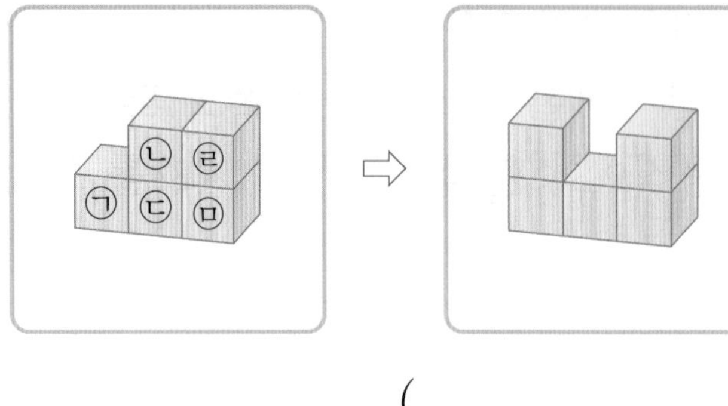

(　　　　　　　　)

5

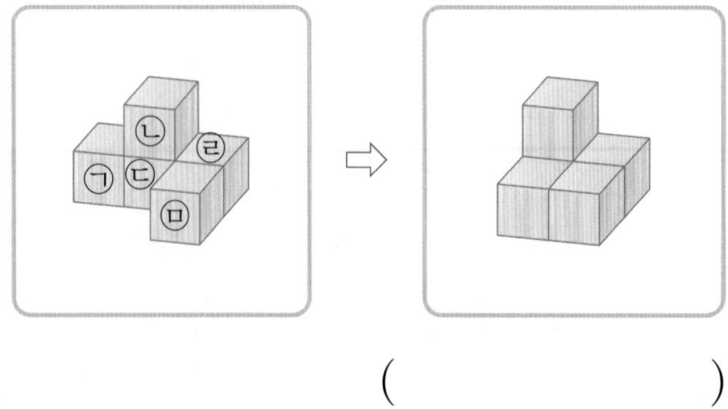

(　　　　　　　　)

6

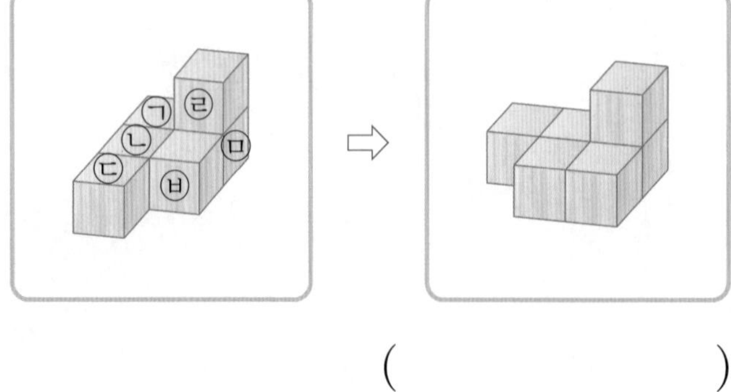

(　　　　　　　　)

똑같은 모양으로 쌓기

이름 :
날짜 :
시간 : : ~ :

쌓기나무를 움직여서 똑같은 모양 만들기 ②

★ 왼쪽 모양에서 쌓기나무 1개를 움직여 오른쪽과 똑같은 모양을 만들려고 합니다. 움직여야 할 쌓기나무의 기호를 쓰세요.

1

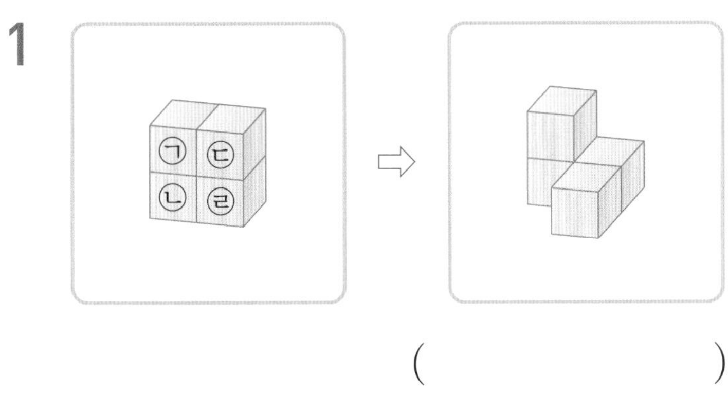

(　　　　　　)

2

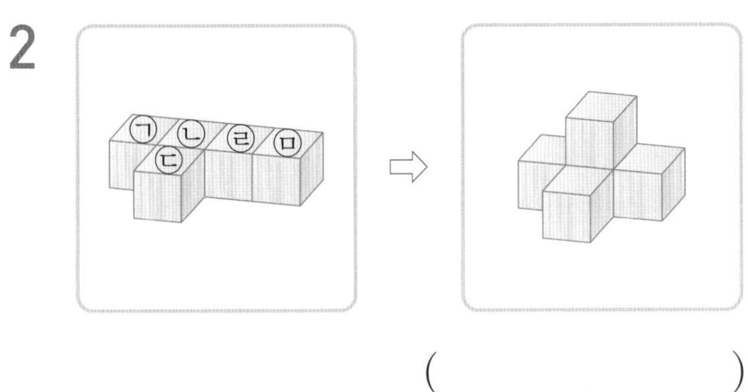

(　　　　　　)

3

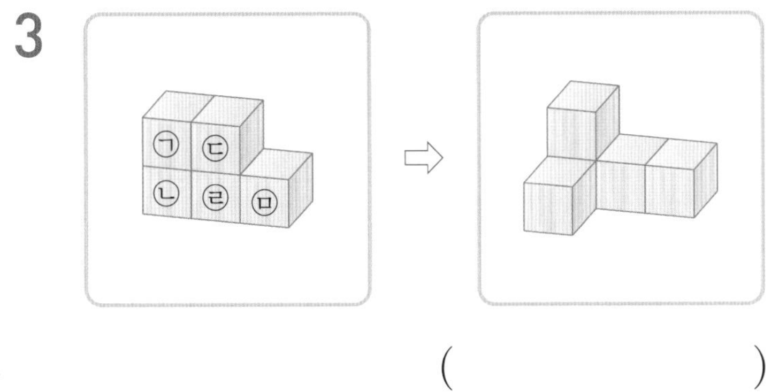

(　　　　　　)

4

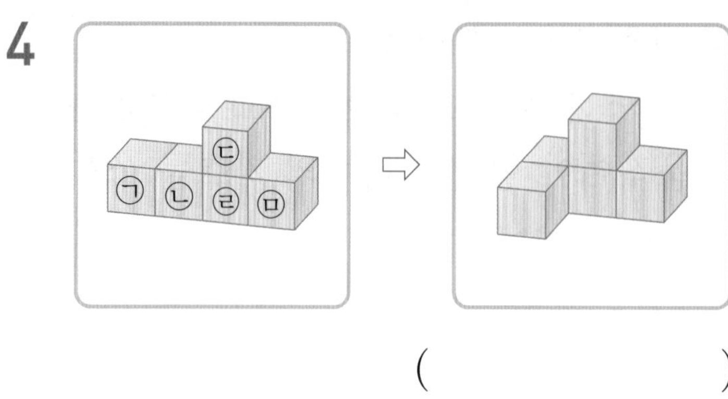

(　　　　　　　　　　)

5

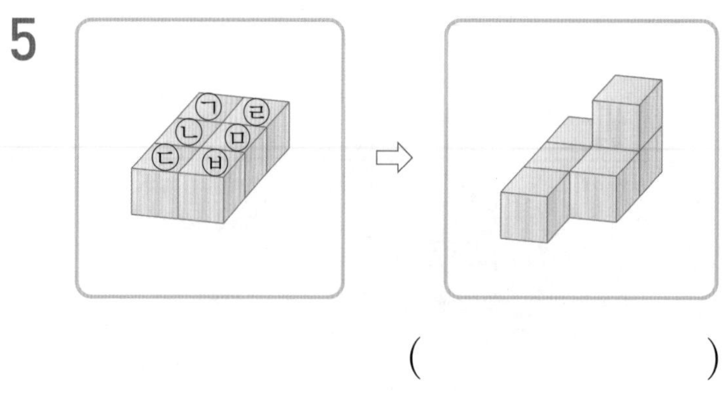

(　　　　　　　　　　)

6

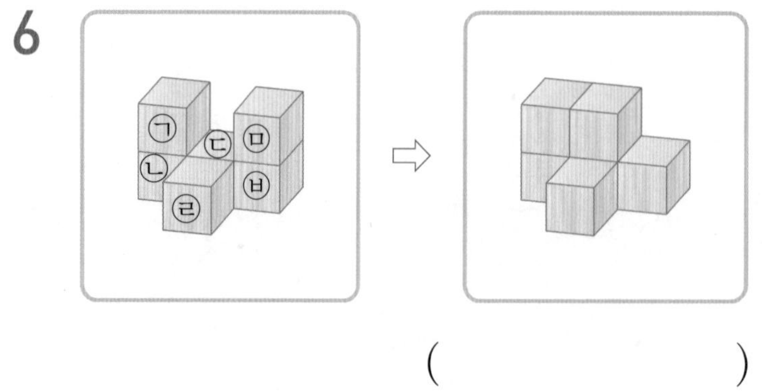

(　　　　　　　　　　)

똑같은 모양으로 쌓기

이름 :
날짜 :
시간 : : ~ :

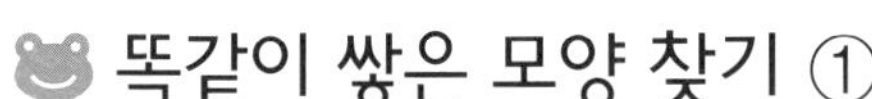

똑같이 쌓은 모양 찾기 ①

★ 물건의 모양을 떠올려서 쌓기나무로 쌓은 모양입니다. 알맞은 것끼리 이어 보세요.

1 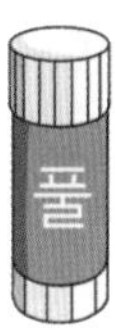

•  • ㉠ 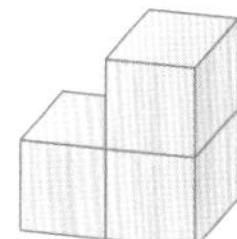

2  • • ㉡ 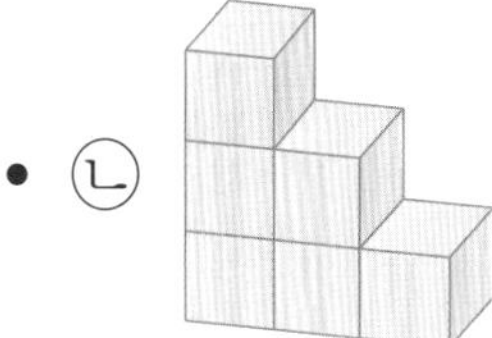

3  • • ㉢ 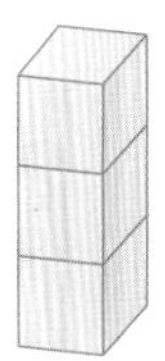

4  • • ㉣ 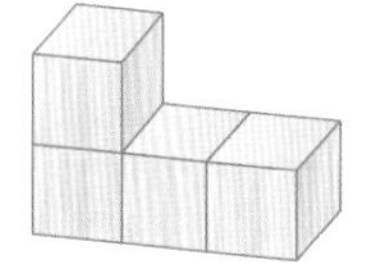

★ 물건의 모양을 떠올려서 쌓기나무로 쌓은 모양입니다. 알맞은 것끼리 이어 보세요.

5  •

• ㉠ 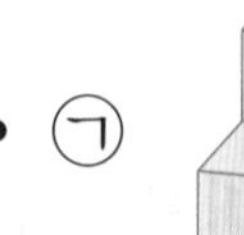 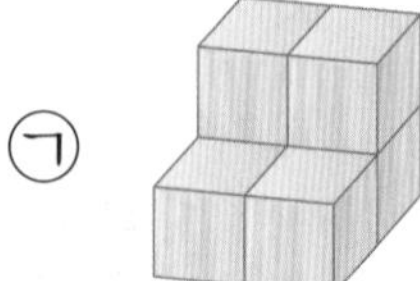

6 

•

• ㉡ 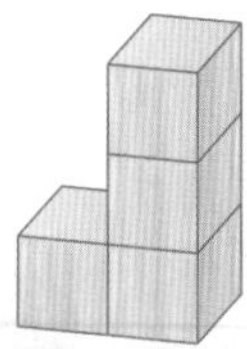

7 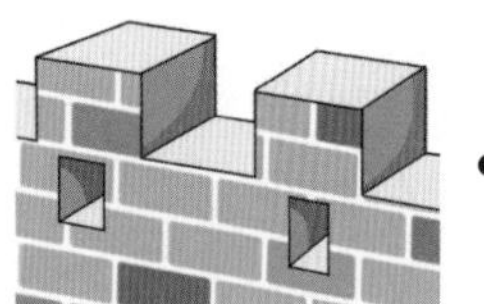 •

• ㉢ 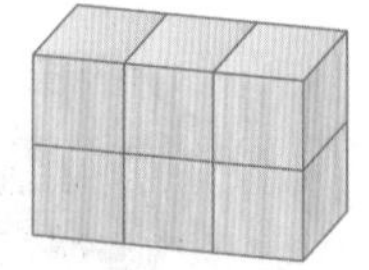

8  •

• ㉣ 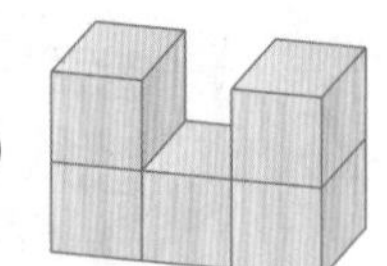

이름 :
날짜 :
시간 : : ~ :

똑같은 모양으로 쌓기

똑같이 쌓은 모양 찾기 ②

★ 물건의 모양을 떠올려서 쌓기나무로 쌓은 모양입니다. 알맞은 것끼리 이어 보세요.

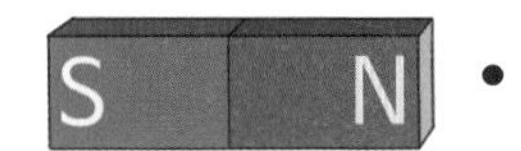

1 •

• ㉠ 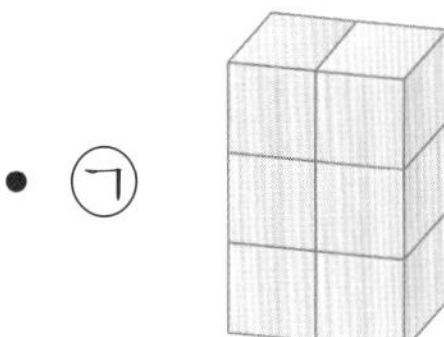

2  •

• ㉡ 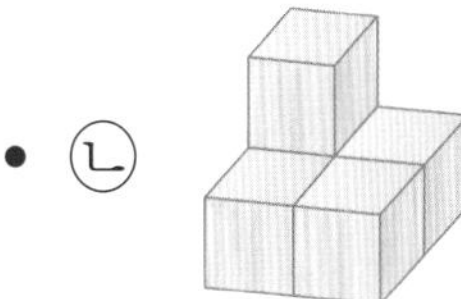

3 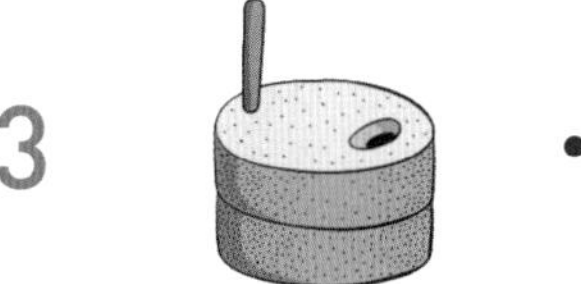 •

• ㉢ 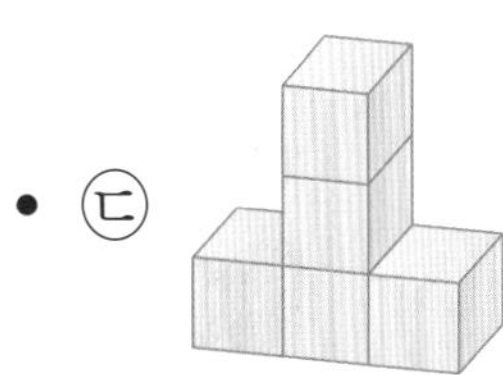

4 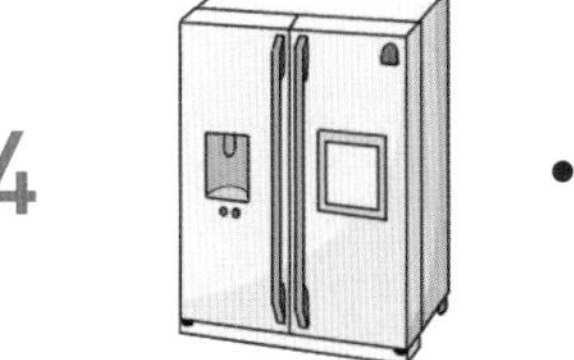 •

• ㉣ 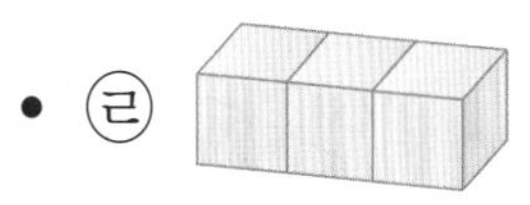

★ 물건의 모양을 떠올려서 쌓기나무로 쌓은 모양입니다. 알맞은 것끼리 이어 보세요.

5 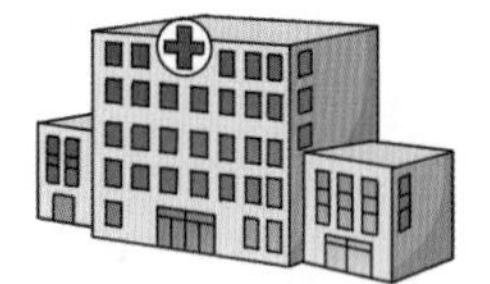 • • ㉠ 

6  • • ㉡ 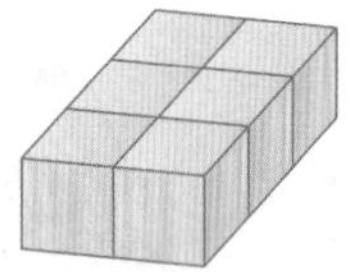

7  • • ㉢ 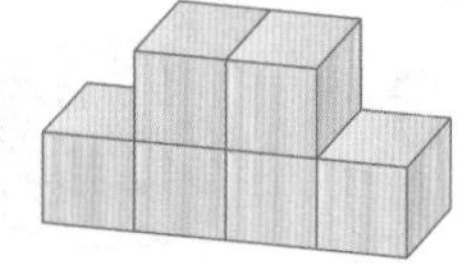

8  • • ㉣ 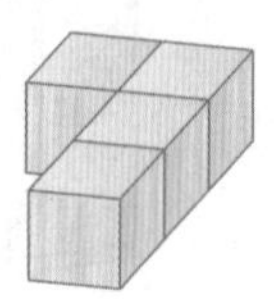

여러 가지 모양으로 쌓기

이름 :
날짜 :
시간 : : ~ :

쌓기나무 3~6개로 만든 모양 찾기 ①

1 쌓기나무 3개로 만든 모양을 모두 찾아 기호를 쓰세요.

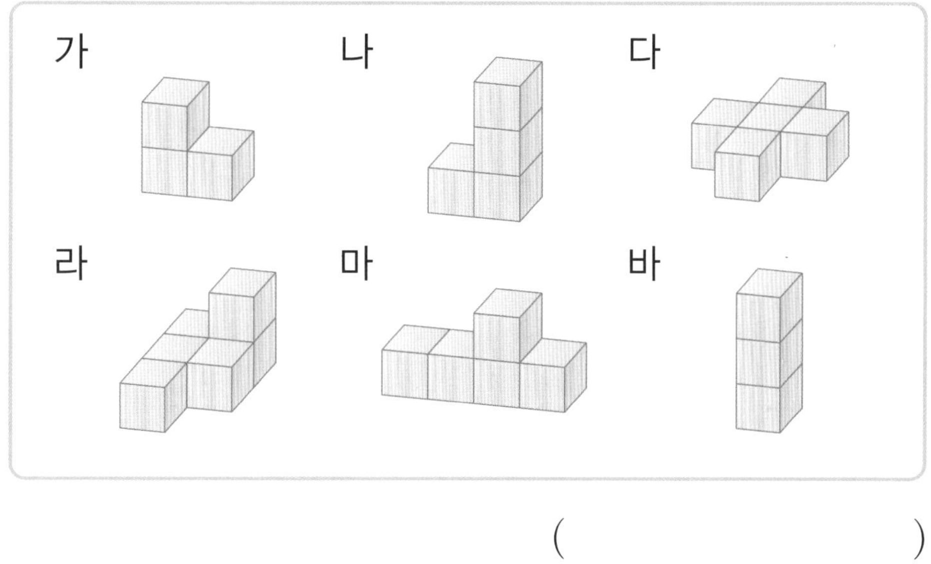

( )

2 쌓기나무 4개로 만든 모양을 모두 찾아 기호를 쓰세요.

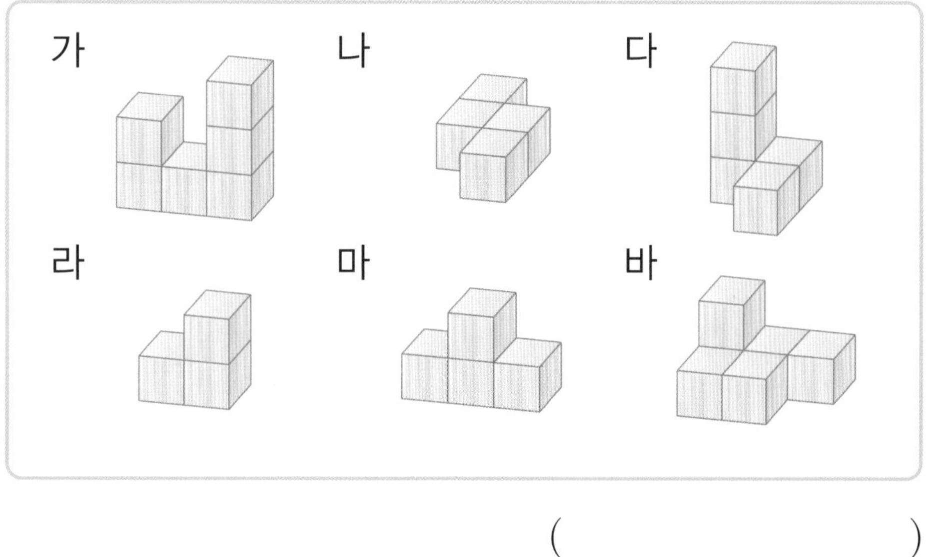

( )

3 쌓기나무 5개로 만든 모양을 모두 찾아 기호를 쓰세요.

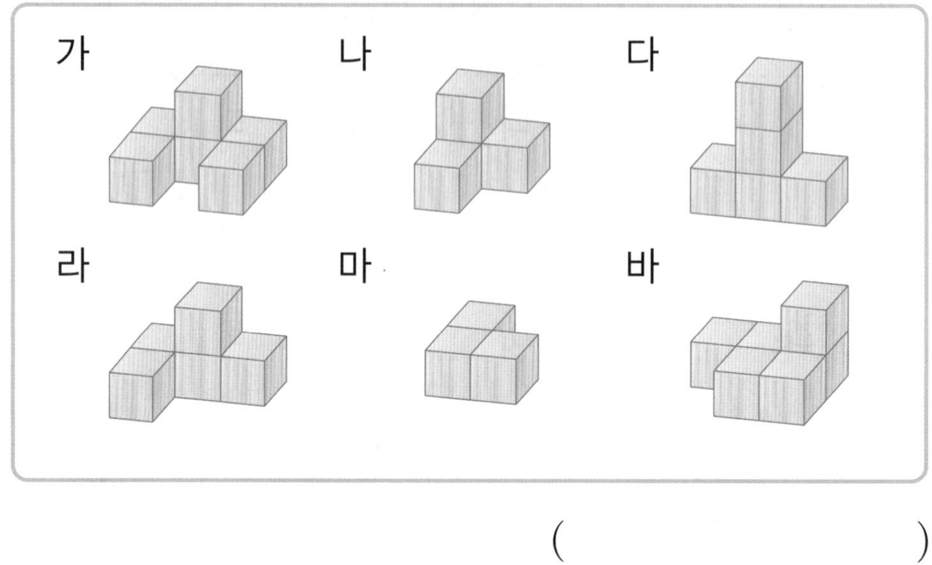

(   )

4 쌓기나무 6개로 만든 모양을 모두 찾아 기호를 쓰세요.

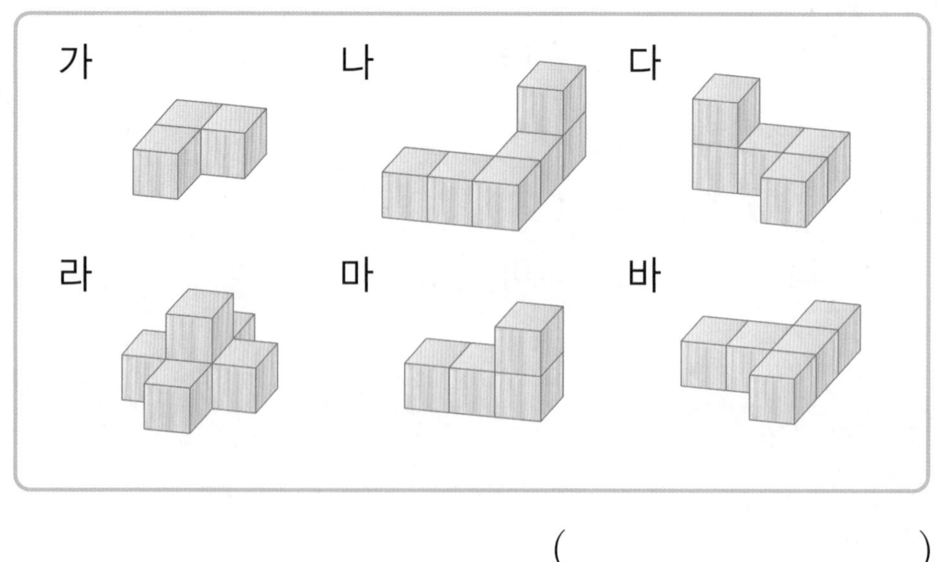

(   )

이름 :
날짜 :
시간 : : ~ :

여러 가지 모양으로 쌓기

쌓기나무 3~6개로 만든 모양 찾기 ②

1 쌓기나무 3개로 만든 모양을 모두 찾아 기호를 쓰세요.

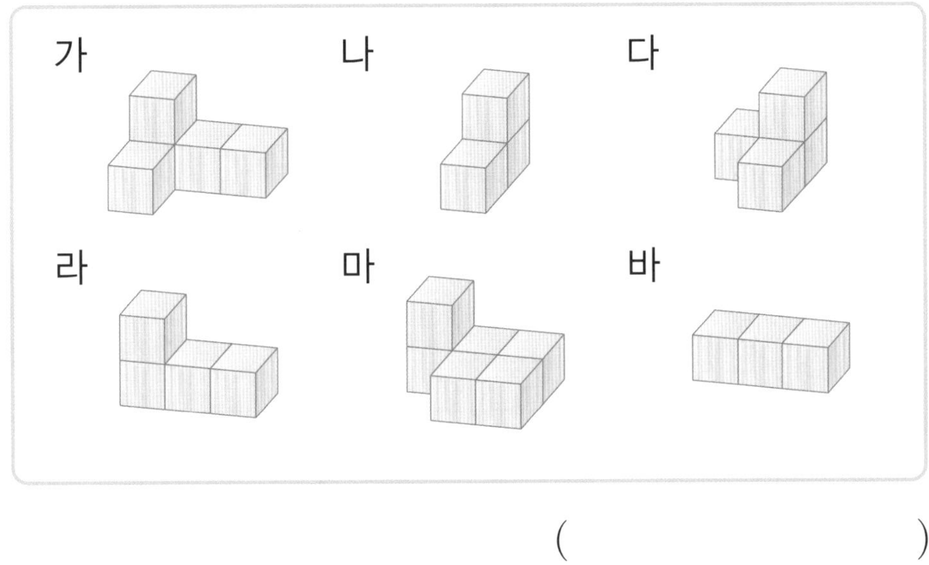

( )

2 쌓기나무 4개로 만든 모양을 모두 찾아 기호를 쓰세요.

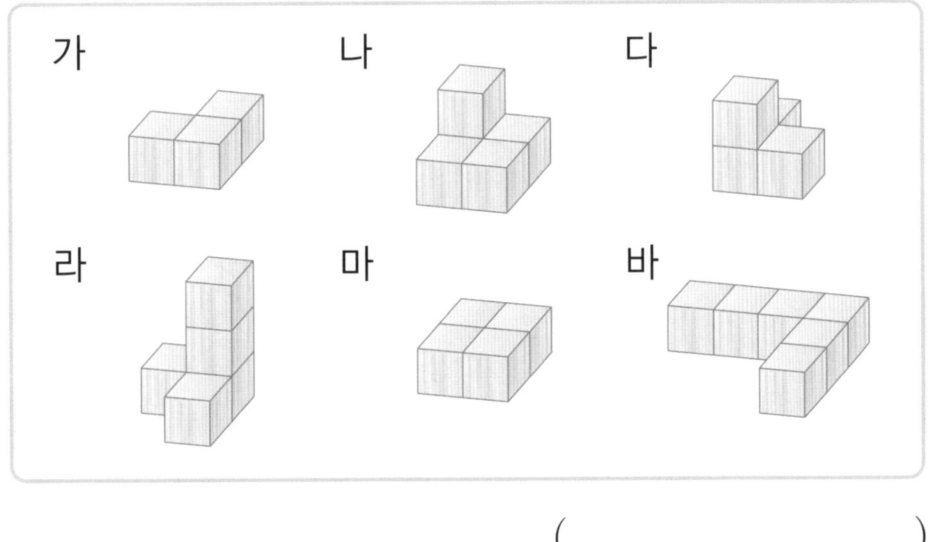

( )

3 쌓기나무 5개로 만든 모양을 모두 찾아 기호를 쓰세요.

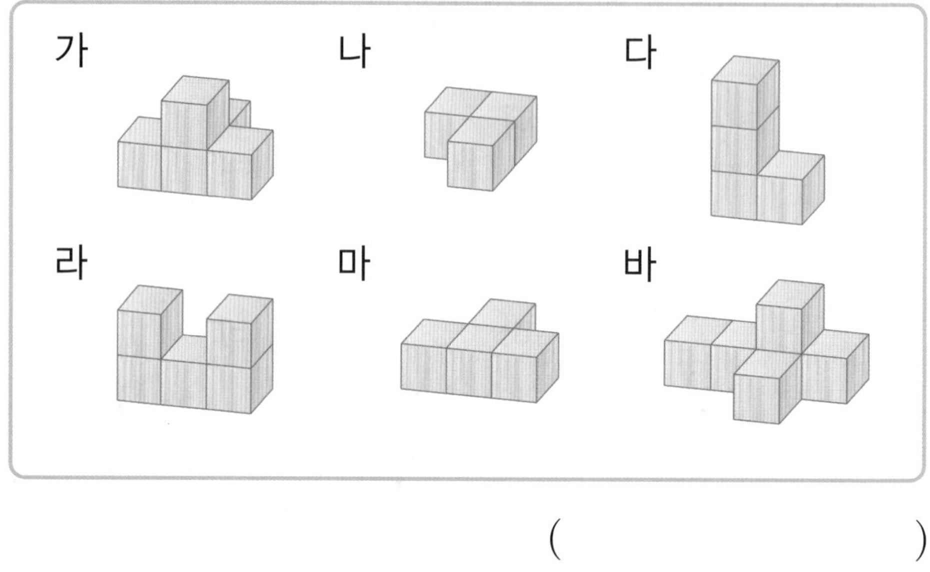

( )

4 쌓기나무 6개로 만든 모양을 모두 찾아 기호를 쓰세요.

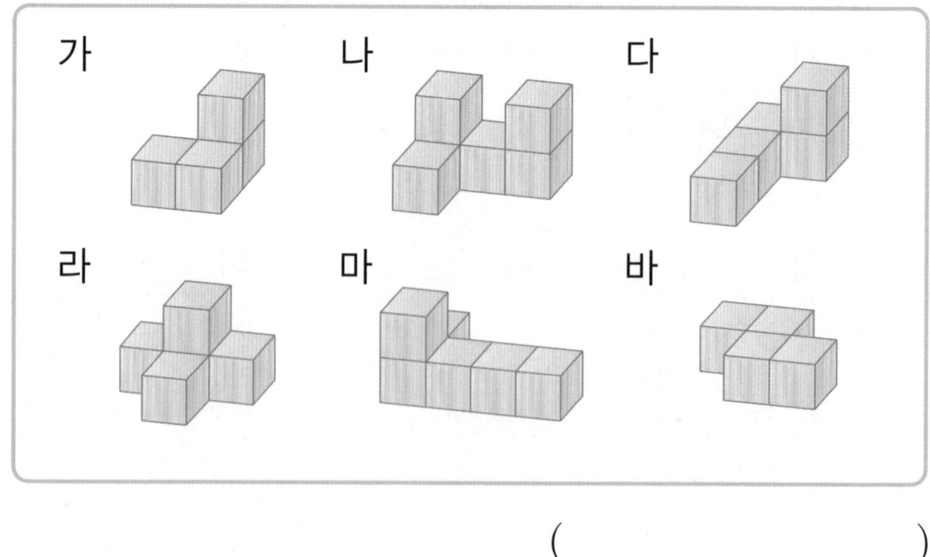

( )

여러 가지 모양으로 쌓기

이름 :
날짜 :
시간 : : ~ :

쌓은 모양에 대해 설명하기 ①

★ 쌓기나무로 쌓은 모양에 대한 설명입니다. □ 안에 알맞은 수를 써넣으세요.

1

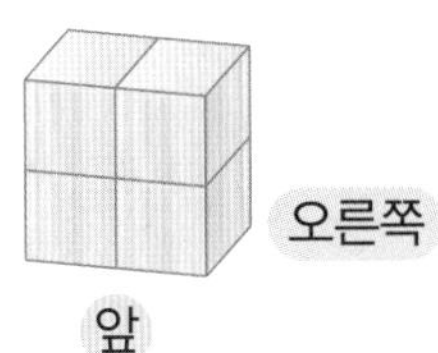

쌓기나무가 1층과 2층에 각각 □개씩 있습니다.

2

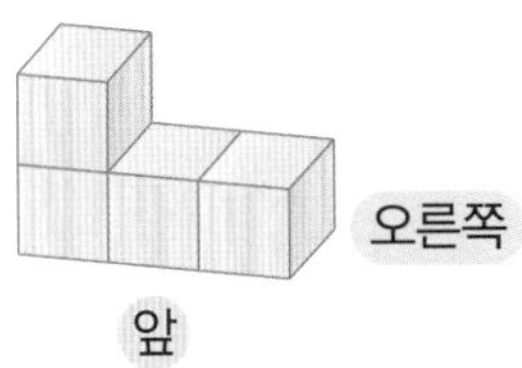

1층에 쌓기나무 3개가 옆으로 나란히 있고, 왼쪽 쌓기나무 위에 □개가 있습니다.

3

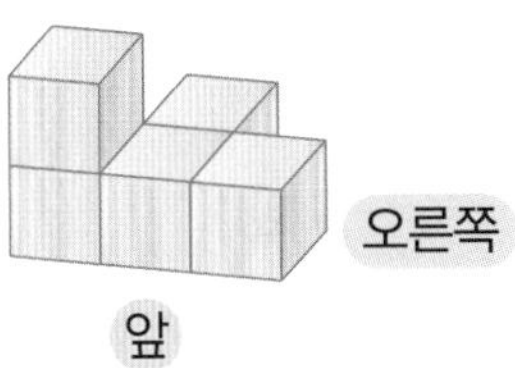

1층에 쌓기나무 3개가 옆으로 나란히 있고, 왼쪽 쌓기나무 위에 □개, 가운데 쌓기나무 뒤에 □개가 있습니다.

4

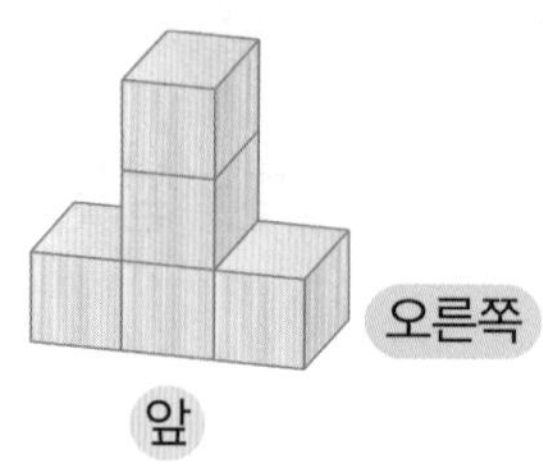

1층에 쌓기나무 3개가 옆으로 나란히 있고, 가운데 쌓기나무 위에 □개가 있습니다.

5

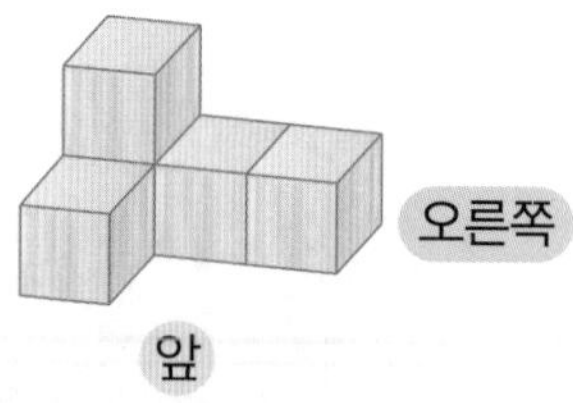

1층에 쌓기나무 3개가 옆으로 나란히 있고, 왼쪽 쌓기나무 앞과 위에 각각 □개씩 있습니다.

6

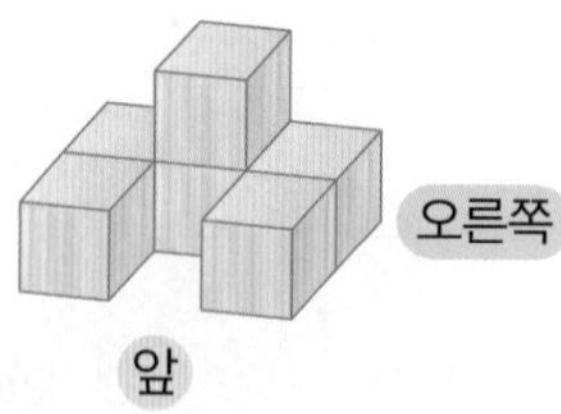

1층에 쌓기나무 3개가 옆으로 나란히 있고, 왼쪽과 오른쪽 쌓기나무 앞에 각각 □개, 가운데 쌓기나무 위에 □개가 있습니다.

이름 :
날짜 :
시간 : : ~ :

여러 가지 모양으로 쌓기

쌓은 모양에 대해 설명하기 ②

★ 쌓기나무로 쌓은 모양에 대한 설명입니다. '위, 앞, 뒤' 중 알맞은 말을 골라 □ 안에 써넣으세요.

1

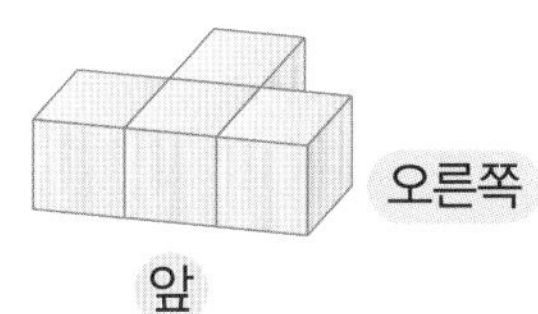

1층에 쌓기나무 3개가 옆으로 나란히 있고, 가운데 쌓기나무 □에 1개가 있습니다.

2

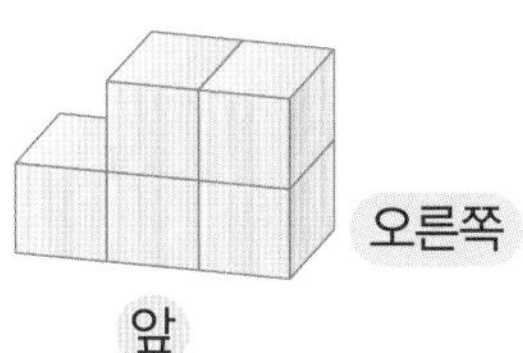

1층에 쌓기나무 3개가 옆으로 나란히 있고, 가운데와 오른쪽 쌓기나무 □에 각각 1개씩 있습니다.

3

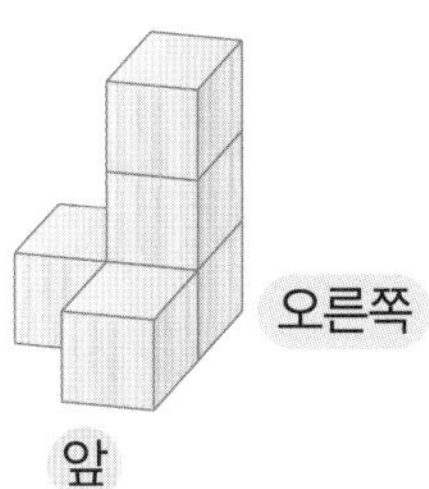

1층에 쌓기나무 2개가 옆으로 나란히 있고, 오른쪽 쌓기나무 □에 1개, □에 2개가 있습니다.

4

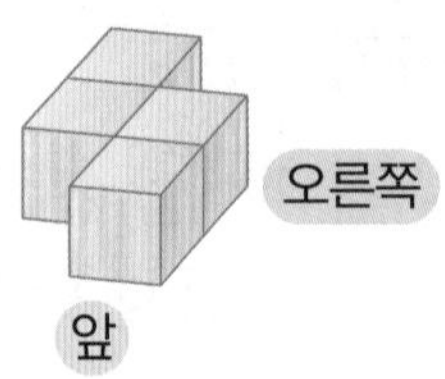

1층에 쌓기나무 2개가 옆으로 나란히 있고, 왼쪽 쌓기나무 □에 1개, 오른쪽 쌓기나무 □에 1개가 있습니다.

5

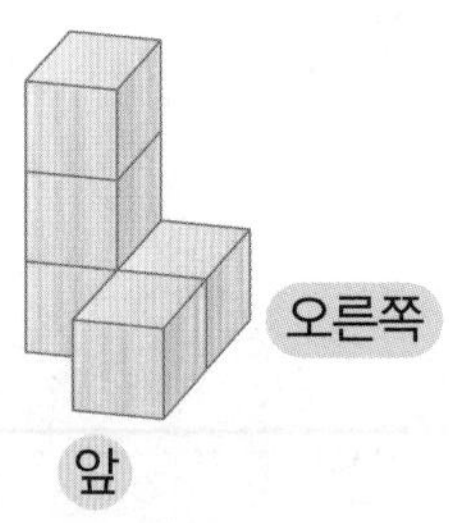

1층에 쌓기나무 2개가 옆으로 나란히 있고, 왼쪽 쌓기나무 □에 2개, 오른쪽 쌓기나무 □에 1개가 있습니다.

6

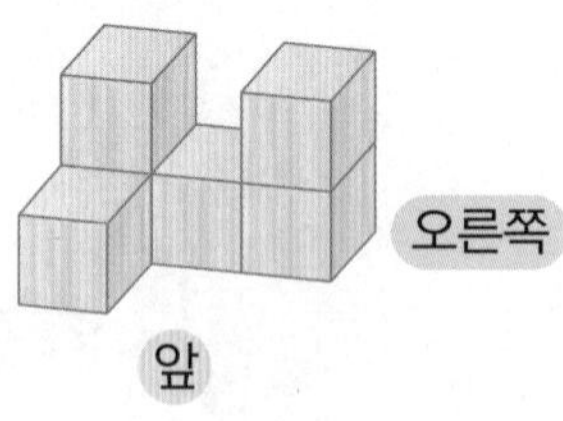

1층에 쌓기나무 3개가 옆으로 나란히 있고, 왼쪽 쌓기나무 □과(와) 위에 각각 1개, 오른쪽 쌓기나무 □에 1개가 있습니다.

이름 :
날짜 :
시간 : : ~ :

여러 가지 모양으로 쌓기

설명대로 쌓은 모양 찾기 ①

★ 설명대로 쌓은 모양을 찾아 이어 보세요.

1 쌓기나무 2개가 옆으로 나란히 있고, 왼쪽 쌓기나무 위에 1개가 있습니다. •

• ㉠ 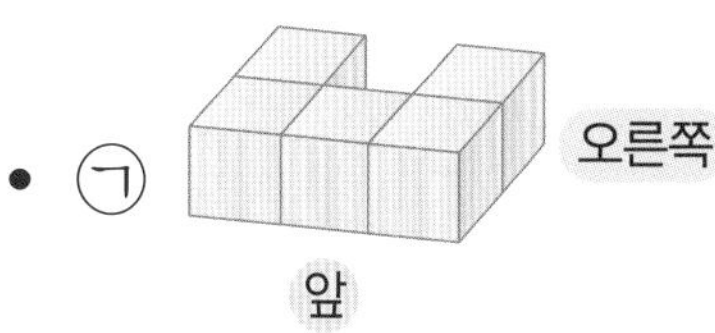

2 쌓기나무 3개가 옆으로 나란히 있고, 오른쪽 쌓기나무 위에 1개가 있습니다. •

• ㉡ 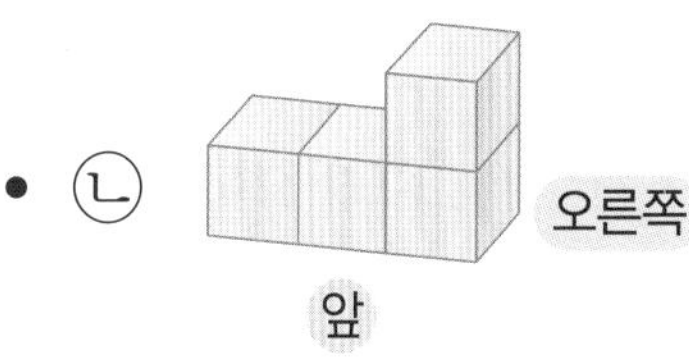

3 쌓기나무 2개가 옆으로 나란히 있고, 왼쪽 쌓기나무 위에 1개, 오른쪽 쌓기나무 앞에 1개가 있습니다. •

• ㉢ 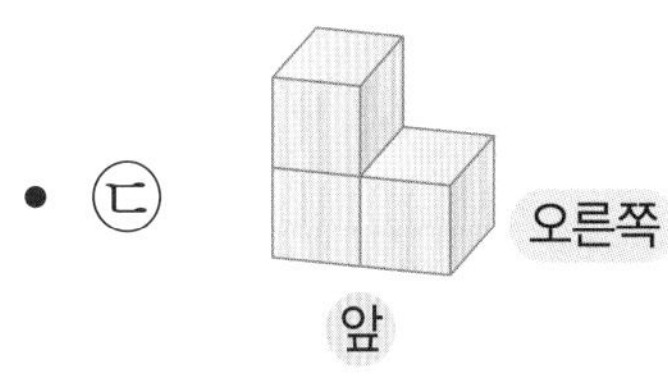

4 쌓기나무 3개가 옆으로 나란히 있고, 왼쪽과 오른쪽 쌓기나무 뒤에 각각 1개씩 있습니다. •

• ㉣ 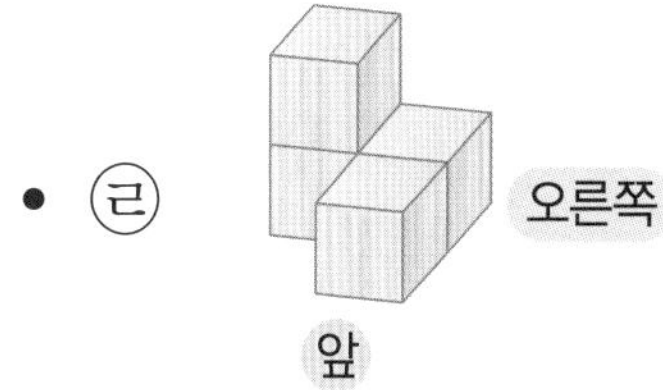

★ 설명대로 쌓은 모양을 찾아 이어 보세요.

5 쌓기나무 2개가 옆으로 나란히 있고, 오른쪽 쌓기나무 앞에 1개가 있습니다. •

• ㉠ 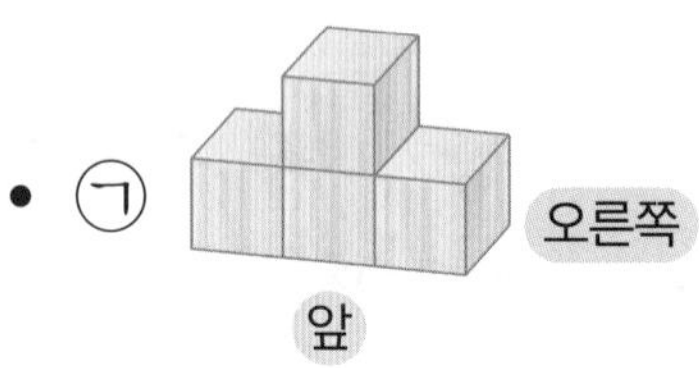

6 쌓기나무 3개가 옆으로 나란히 있고, 가운데 쌓기나무 위에 1개가 있습니다. •

• ㉡ 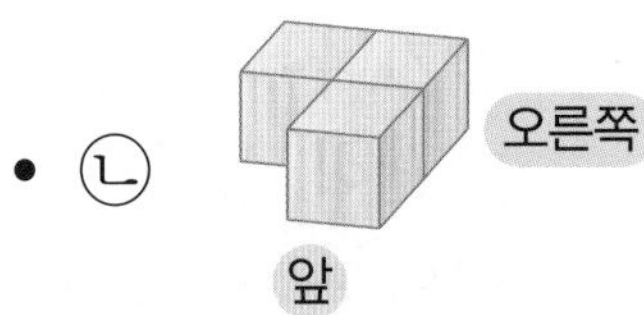

7 쌓기나무 3개가 옆으로 나란히 있고, 오른쪽 쌓기나무 위에 2개가 있습니다. •

• ㉢ 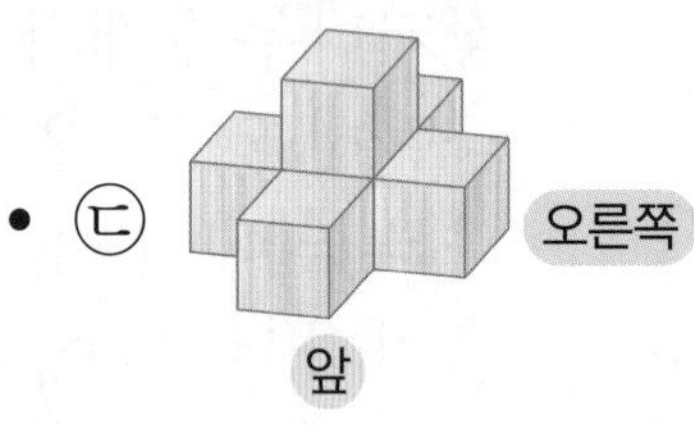

8 쌓기나무 3개가 옆으로 나란히 있고, 가운데 쌓기나무 앞, 위, 뒤에 각각 1개씩 있습니다. •

• ㉣ 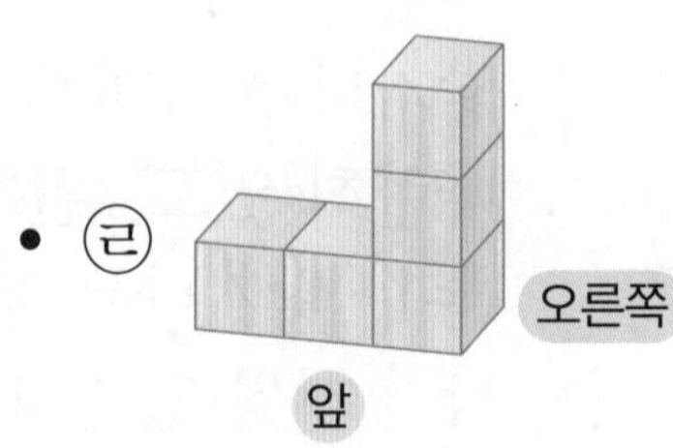

이름 :
날짜 :
시간 : : ~ :

여러 가지 모양으로 쌓기

설명대로 쌓은 모양 찾기 ②

★ 설명대로 쌓은 모양을 찾아 이어 보세요.

1 I층, 2층, 3층에 각각 I개씩 있습니다.

2 쌓기나무 2개가 옆으로 나란히 있고, 오른쪽 쌓기나무 위에 2개가 있습니다.

3 쌓기나무 3개가 옆으로 나란히 있고, 왼쪽과 오른쪽 쌓기나무 위에 각각 I개씩 있습니다.

4 쌓기나무 3개가 옆으로 나란히 있고, 가운데 쌓기나무 위와 뒤에 각각 I개씩 있습니다.

㉠
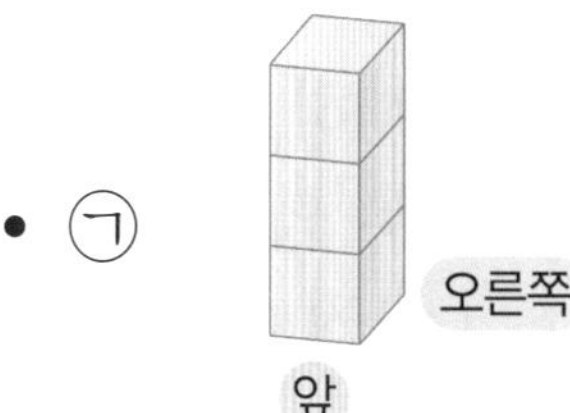

㉡
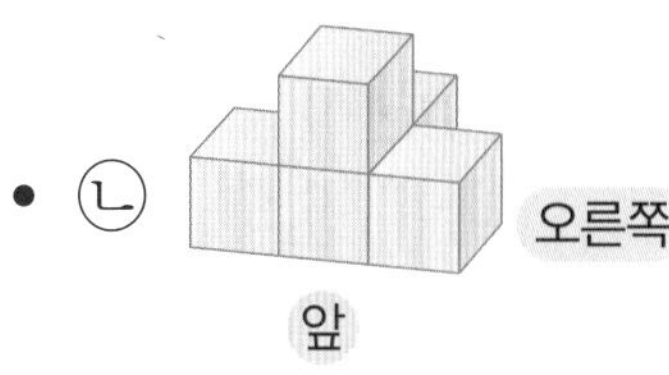

㉢
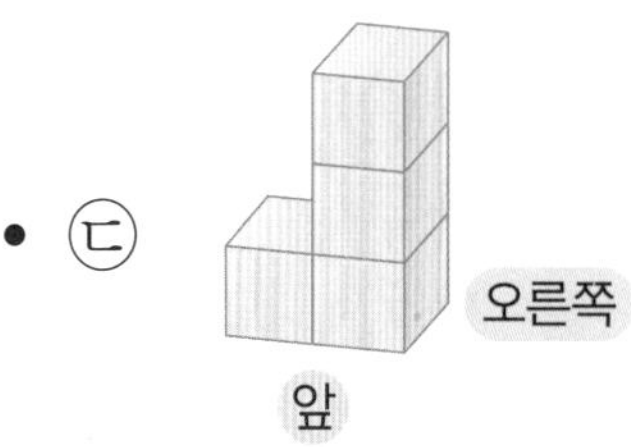

㉣
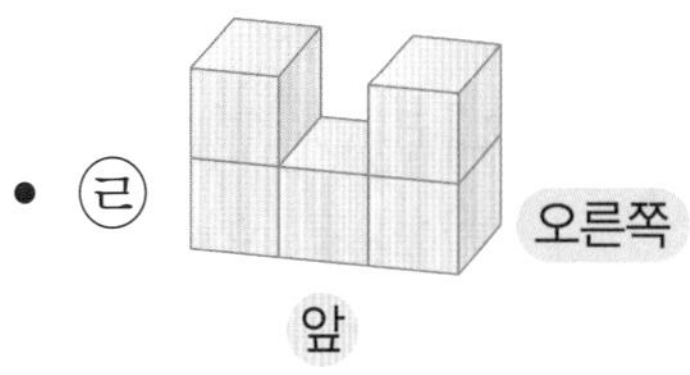

★ 설명대로 쌓은 모양을 찾아 이어 보세요.

5 쌓기나무 2개가 옆으로 나란히 있고, 왼쪽 쌓기나무 앞, 위, 뒤에 각각 1개씩 있습니다. •

• ㉠ 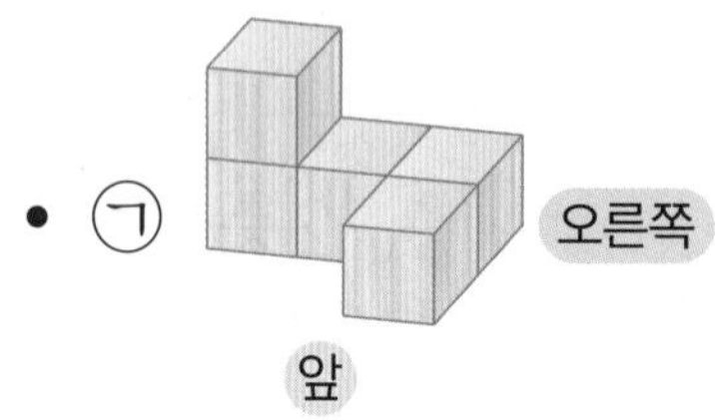

6 쌓기나무 2개가 옆으로 나란히 있고, 왼쪽 쌓기나무 앞과 위에 각각 1개씩 있습니다. •

• ㉡ 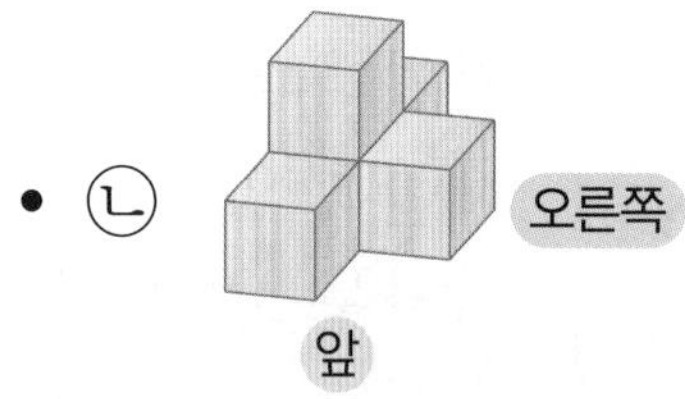

7 쌓기나무 3개가 옆으로 나란히 있고, 왼쪽 쌓기나무 위에 1개, 오른쪽 쌓기나무 앞에 1개가 있습니다. •

• ㉢ 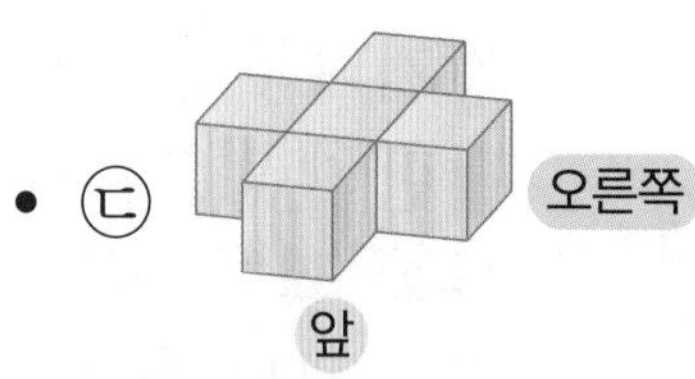

8 쌓기나무 3개가 옆으로 나란히 있고, 가운데 쌓기나무 앞과 뒤에 각각 1개씩 있습니다. •

• ㉣ 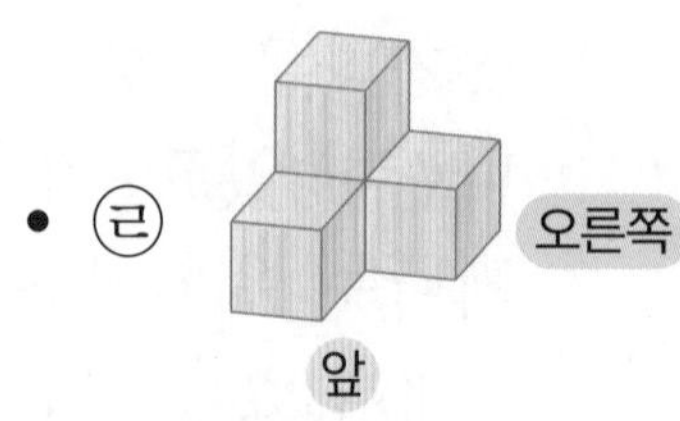

여러 가지 모양으로 쌓기

이름 :

날짜 :

시간 : : ~ :

쌓은 모양 보고 떠올릴 수 있는 모양 찾기 ①

★ 쌓기나무로 쌓은 모양을 보고 떠올릴 수 있는 모양을 찾아 이어 보세요.

1 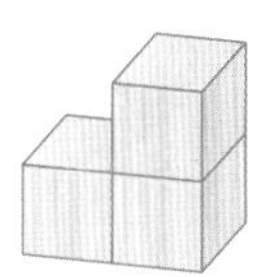 • • ㉠  

2 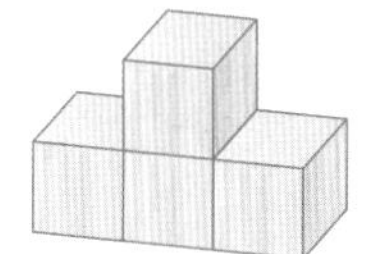 • • ㉡ 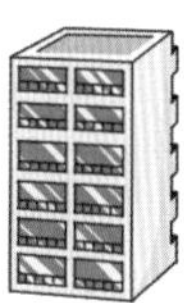

3 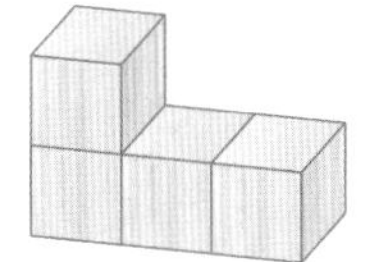 • • ㉢ 

4 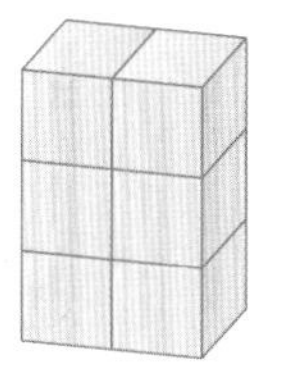 • • ㉣ 

★ 쌓기나무로 쌓은 모양을 보고 떠올릴 수 있는 모양을 찾아 이어 보세요.

5 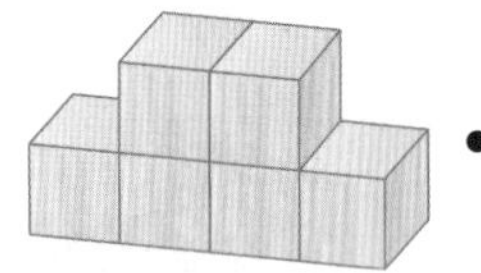 •  • ㉠ 

6 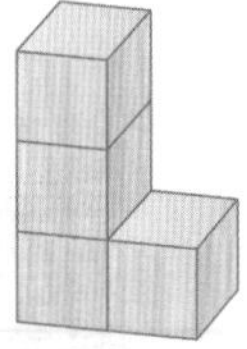 • • ㉡ 

7 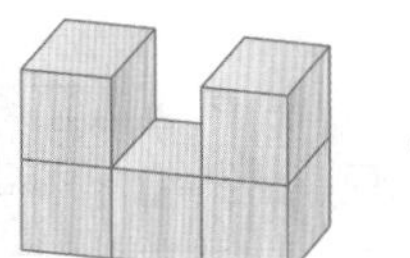 • • ㉢ 

8 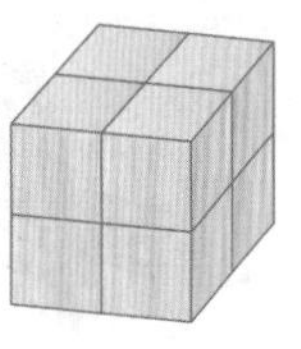 • • ㉣ 

여러 가지 모양으로 쌓기

이름 :
날짜 :
시간 : : ~ :

쌓은 모양 보고 떠올릴 수 있는 모양 찾기 ②

★ 쌓기나무로 쌓은 모양을 보고 떠올릴 수 있는 모양을 찾아 이어 보세요.

1 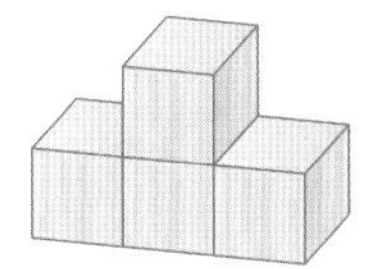 • • ㉠ 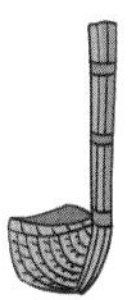

2 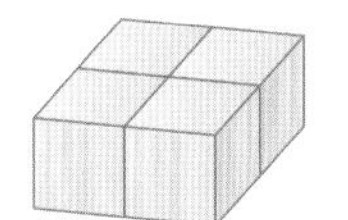 • • ㉡ 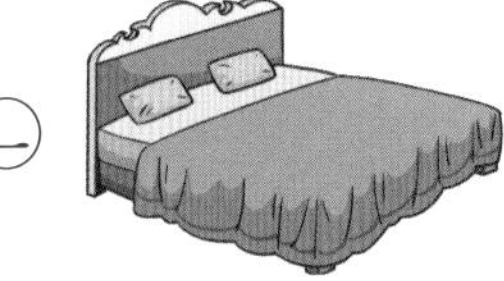

3 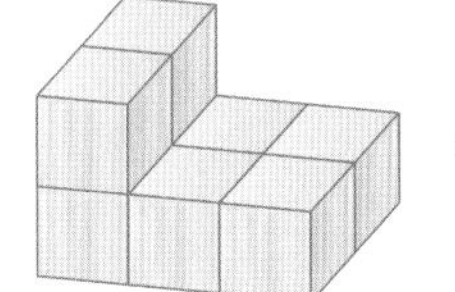 • • ㉢ 

4 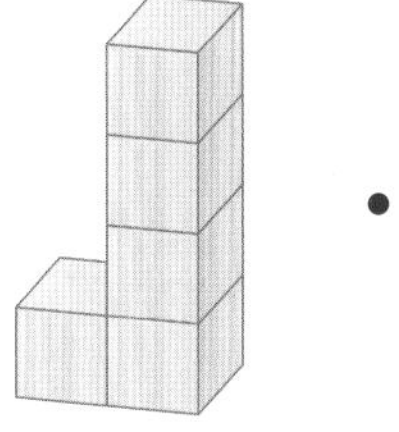 • • ㉣ 

★ 다음 물음에 답하세요.

5 한글 모음 'ㅜ'를 생각하며 쌓은 모양을 찾아 기호를 쓰세요.

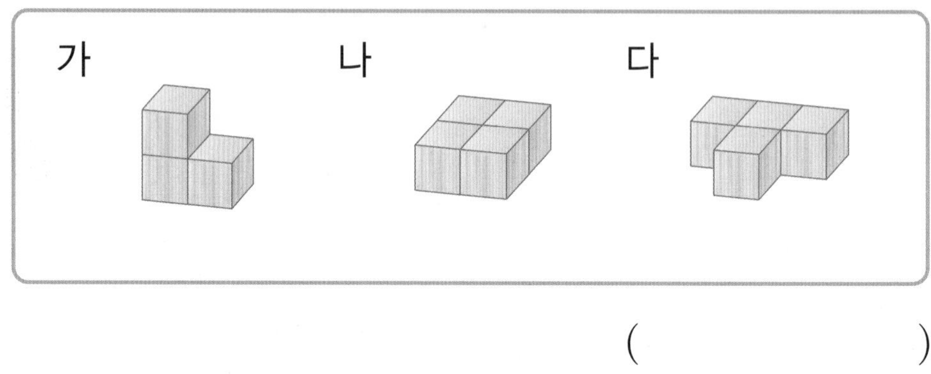

( )

6 덧셈 기호 '+'를 생각하며 쌓은 모양을 찾아 기호를 쓰세요.

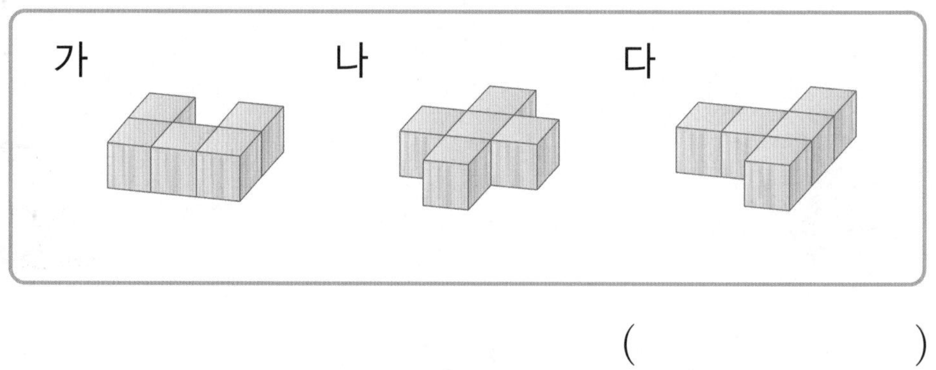

( )

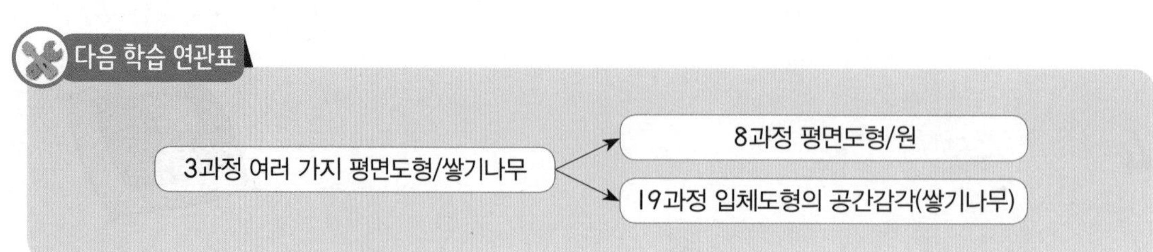

기탄영역별수학
도형·측정편

3과정 | 여러 가지 평면도형/쌓기나무

이름	
실시 연월일	년 월 일
걸린 시간	분 초
오답 수	/ 15

기초부터 탄탄하게 기탄교육

★ 아래 도형 중에서 원, 삼각형, 사각형, 오각형, 육각형을 찾아 기호를 쓰고 변, 꼭짓점의 수를 각각 써넣으세요. (1~5)

가 나 다

라 마 바

사 아 자

	도형의 이름	기호	변의 수(개)	꼭짓점의 수(개)
1	원			
2	삼각형			
3	사각형			
4	오각형			
5	육각형			

★ 칠교판의 세 조각을 모두 이용하여 다음 도형을 만들어 보세요.

학습자료 〈칠교판〉 사용 (6~7)

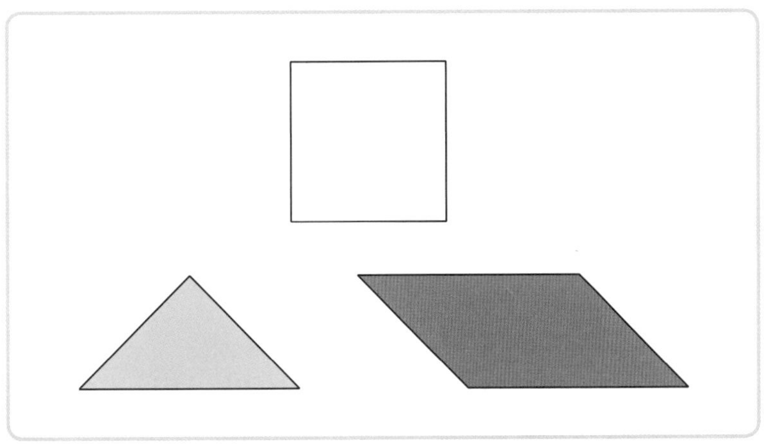

6

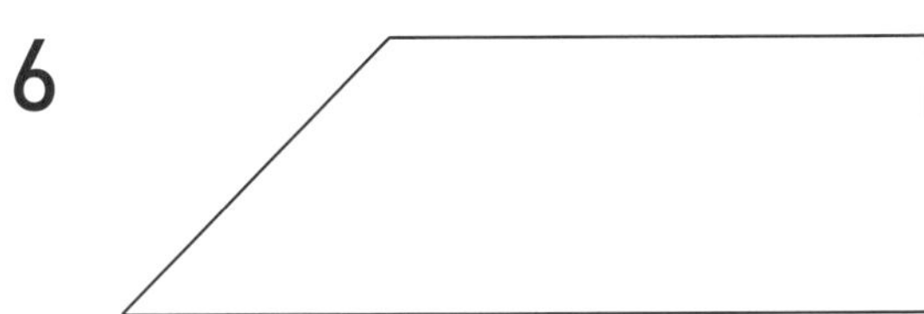

7

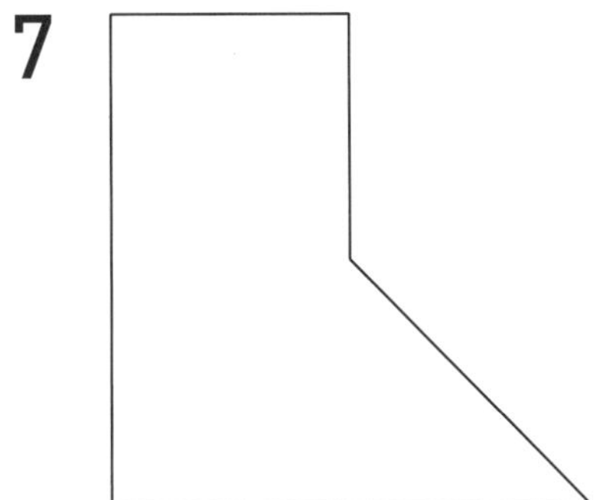

★ 똑같은 모양으로 쌓으려면 쌓기나무가 몇 개 필요한지 구해 보세요. (8~9)

8

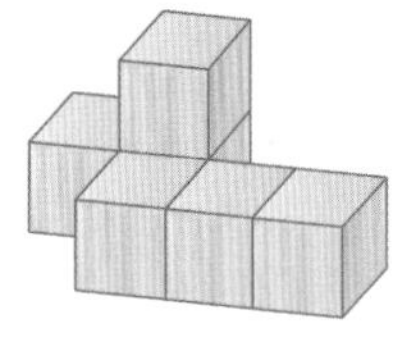

☐개

9

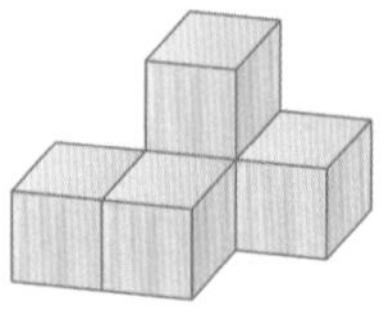

☐개

10 빨간색 쌓기나무의 오른쪽에 있는 쌓기나무를 찾아 ○표 하세요.

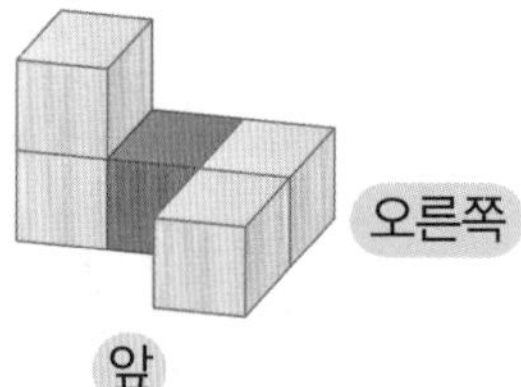

11 빨간색 쌓기나무의 위에 있는 쌓기나무를 찾아 ○표 하세요.

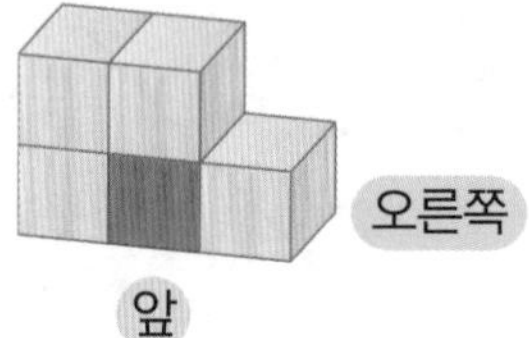

12 왼쪽 모양을 오른쪽 모양과 똑같이 만들려고 합니다. 빼야 하는 쌓기나무를 찾아 ○표 하세요.

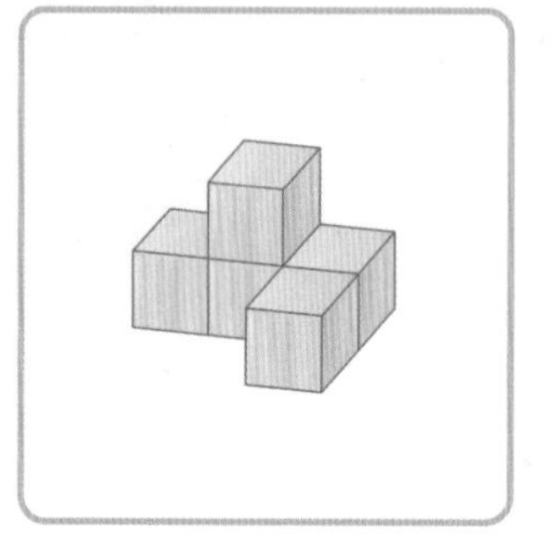

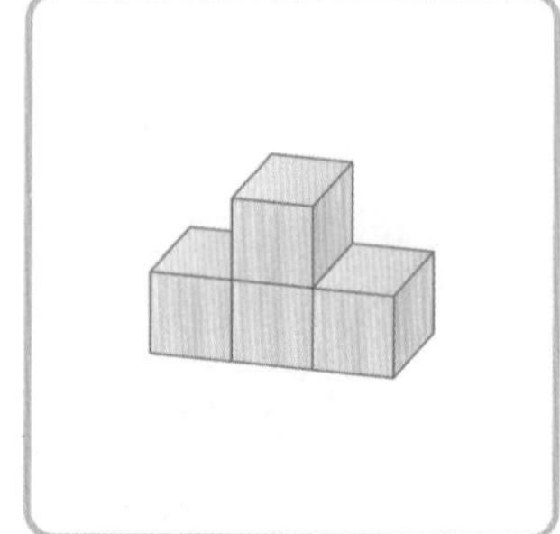

13 쌓기나무 5개로 만든 모양을 모두 찾아 기호를 쓰세요.

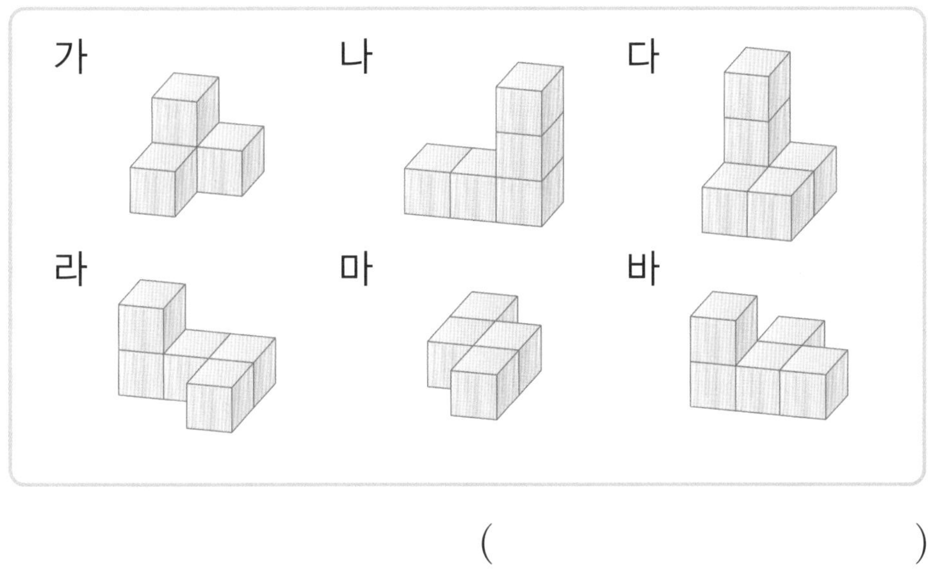

( )

★ 설명대로 쌓은 모양을 찾아 이어 보세요. (14~15)

14 쌓기나무 3개가 옆으로 나란히 있고, 가운데 쌓기나무 앞에 1개, 오른쪽 쌓기나무 앞과 위에 각각 1개씩 있습니다. •

15 쌓기나무 3개가 옆으로 나란히 있고, 왼쪽 쌓기나무 위에 1개, 가운데 쌓기나무 앞과 위에 각각 1개씩 있습니다. •

• ㉠
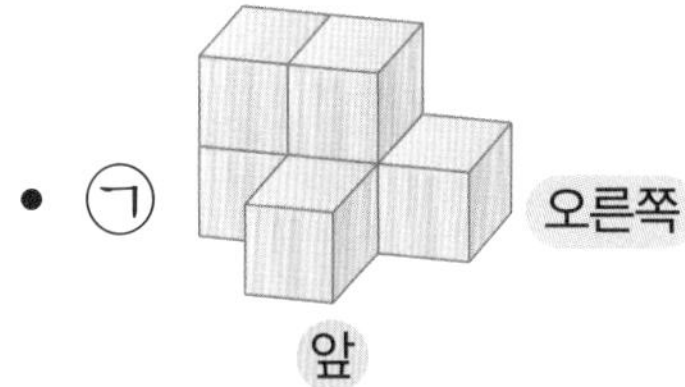

• ㉡
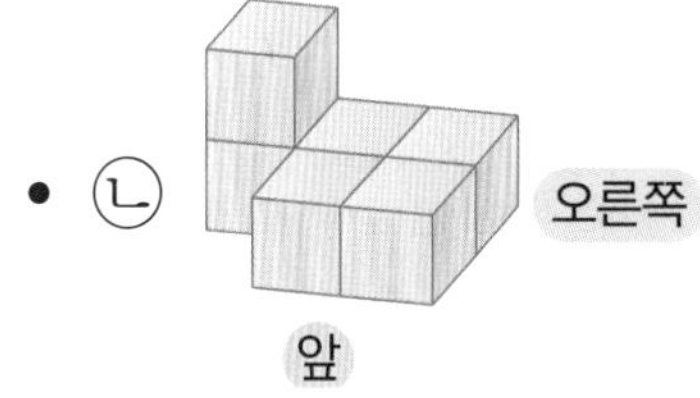

• ㉢
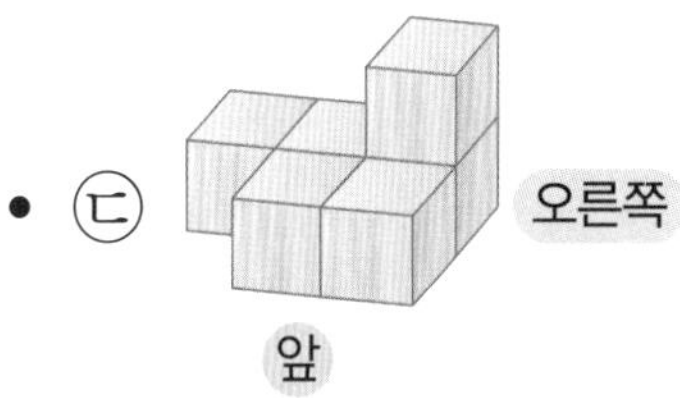

성취도 테스트 결과표

3과정 | 여러 가지 평면도형/쌓기나무

번호	평가 요소	평가 내용	결과(O, X)	관련 내용
1	원 알기	원을 찾고, 원은 변과 꼭짓점이 없는 것을 알고 있는지 확인하는 문제입니다.		1a
2	삼각형 알기	삼각형을 찾고, 삼각형은 변과 꼭짓점이 각각 3개인 것을 알고 있는지 확인하는 문제입니다.		4a
3	사각형 알기	사각형을 찾고, 사각형은 변과 꼭짓점이 각각 4개인 것을 알고 있는지 확인하는 문제입니다.		7a
4	오각형·육각형 알기	오각형을 찾고, 오각형은 변과 꼭짓점이 각각 5개인 것을 알고 있는지 확인하는 문제입니다.		10a
5		육각형을 찾고, 육각형은 변과 꼭짓점이 각각 6개인 것을 알고 있는지 확인하는 문제입니다.		10b
6	칠교판으로 모양 만들기	칠교판의 조각으로 여러 가지 도형을 만들 수 있는지 확인하는 문제입니다.		15a
7				15a
8	똑같은 모양으로 쌓기	똑같은 모양으로 쌓으려고 할 때, 필요한 쌓기나무의 개수를 알고 있는지 확인하는 문제입니다.		23a
9				23a
10		설명하는 쌓기나무를 찾을 수 있는지 확인하는 문제입니다.		25a
11				26a
12		쌓기나무를 빼서 똑같은 모양을 만들려고 할 때, 빼야 하는 쌓기나무를 찾을 수 있는지 확인하는 문제입니다.		27a
13	여러 가지 모양으로 쌓기	주어진 쌓기나무의 개수로 만든 모양을 찾을 수 있는지 확인하는 문제입니다.		33a
14		설명대로 쌓은 모양을 찾을 수 있는지 확인하는 문제입니다.		37a
15				37a

평가 기준

평가	□ A등급(매우 잘함)	□ B등급(잘함)	□ C등급(보통)	□ D등급(부족함)
오답 수	0~1	2~3	4~5	6~

- A, B등급: 다음 교재를 시작하세요.
- C등급: 틀린 부분을 다시 한번 더 공부한 후, 다음 교재를 시작하세요.
- D등급: 본 교재를 다시 구입하여 복습한 후, 다음 교재를 시작하세요.

3과정 정답과 풀이

1ab

1 나 2 다 3 가 4 다
5 가 6 나

〈풀이〉
1~6 어느 쪽으로도 치우치지 않은 동그란 모양의 도형을 찾습니다.

2ab

1 가, 바, 사, 카 2 다, 마, 사, 타

3ab

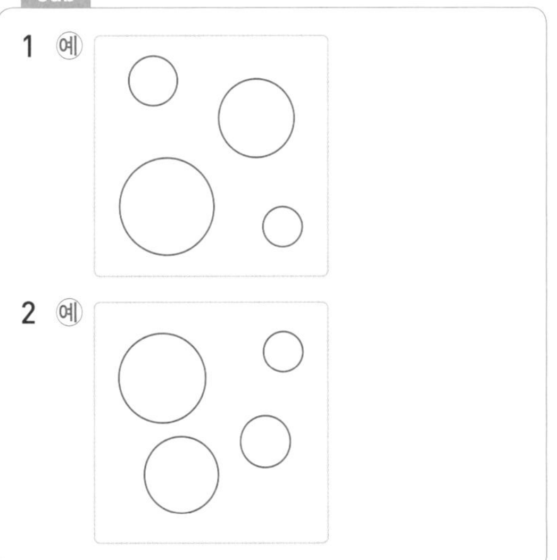

〈풀이〉
1 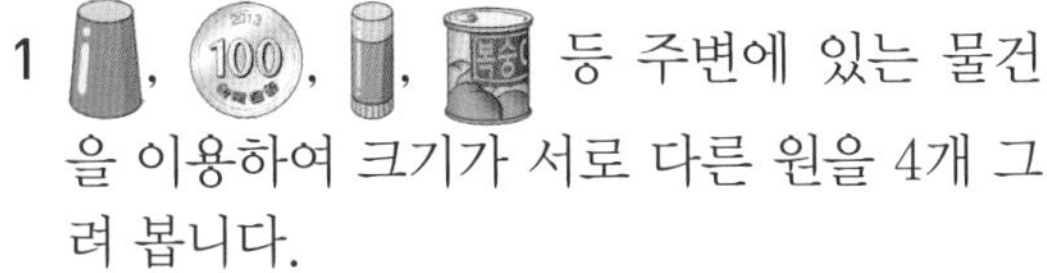 등 주변에 있는 물건을 이용하여 크기가 서로 다른 원을 4개 그려 봅니다.

4ab

1 다 2 가 3 나 4 다
5 나 6 가

5ab

1

가	다	마	자
3	3	3	3
3	3	3	3

2

나	라	바	아
3	3	3	3
3	3	3	3

〈풀이〉
1~2 먼저 3개의 곧은 선으로 둘러싸인 삼각형을 찾고, 삼각형의 변과 꼭짓점의 수를 세어 봅니다.
삼각형은 변이 3개, 꼭짓점이 3개입니다.

6ab

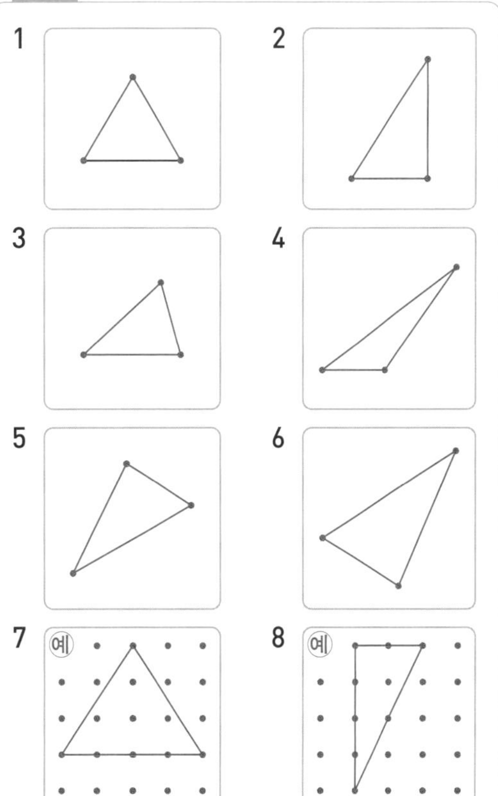

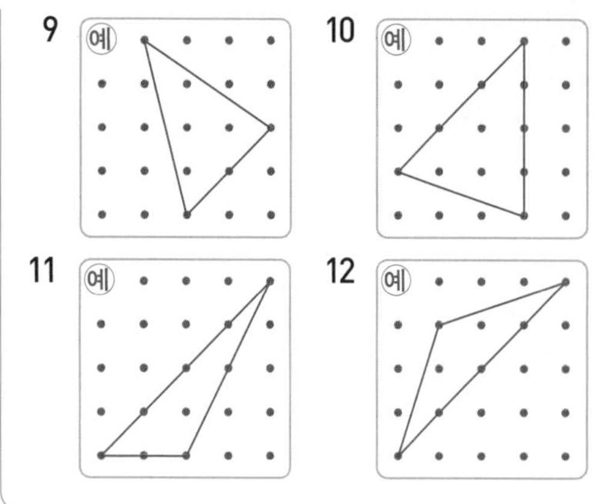

7ab

1 다 2 가 3 나 4 가
5 나 6 다

8ab

1

가	마	사	자
4	4	4	4
4	4	4	4

2

다	라	바	아
4	4	4	4
4	4	4	4

〈풀이〉

1~2 먼저 4개의 곧은 선으로 둘러싸인 사각형을 찾고, 사각형의 변과 꼭짓점의 수를 세어 봅니다.
사각형은 변이 4개, 꼭짓점이 4개입니다.

9ab

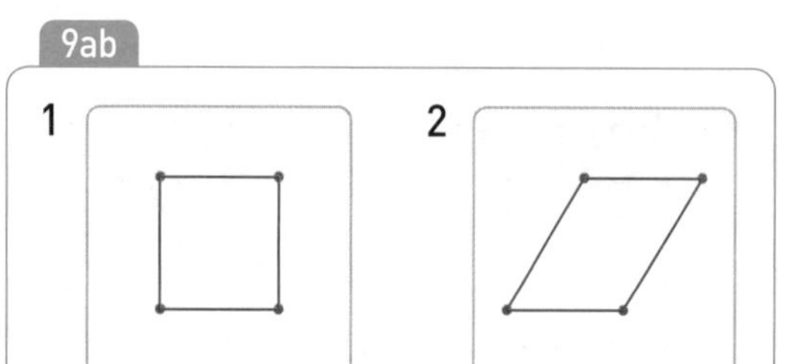

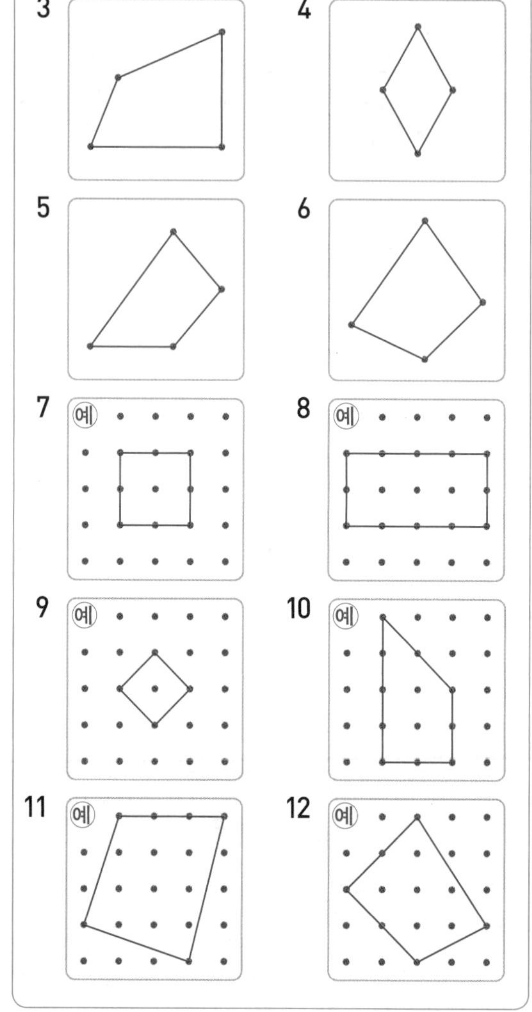

10ab

1 나 2 가 3 다 4 다
5 나 6 가

11ab

1

다	라	바	아
5	5	5	5
5	5	5	5

2

가	라	마	자
6	6	6	6
6	6	6	6

〈풀이〉

1 먼저 5개의 곧은 선으로 둘러싸인 오각형을 찾고, 오각형의 변과 꼭짓점의 수를 세어 봅니다.
오각형은 변이 5개, 꼭짓점이 5개입니다.

2 먼저 6개의 곧은 선으로 둘러싸인 육각형을 찾고, 육각형의 변과 꼭짓점의 수를 세어 봅니다.
육각형은 변이 6개, 꼭짓점이 6개입니다.

12ab

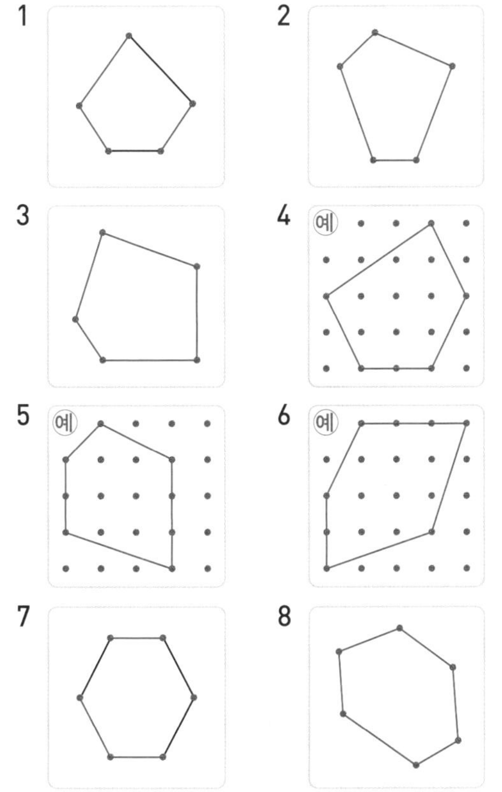

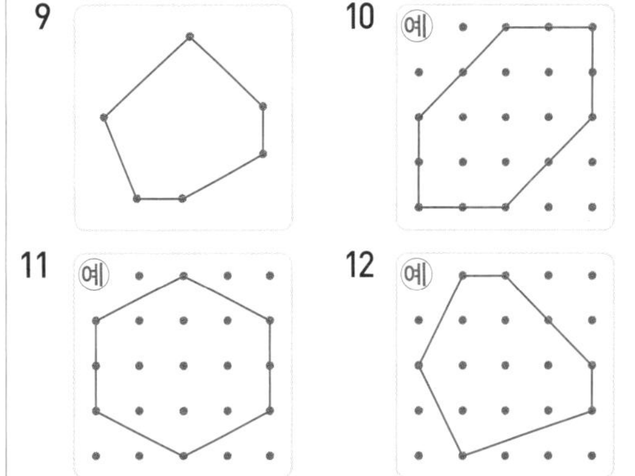

13ab

1 3, 4, 6, 2, 1　　2 2, 5, 5, 2, 2

14ab

1 삼각형, 2　　2 사각형, 3
3 삼각형, 3　　4 사각형, 2
5 삼각형, 4　　6 사각형, 4
7 삼각형　　8 삼각형, 사각형
9 삼각형, 사각형　　10 삼각형, 사각형
11 삼각형, 오각형　　12 삼각형, 육각형

〈풀이〉

1

삼각형 2개

2

사각형 3개

3

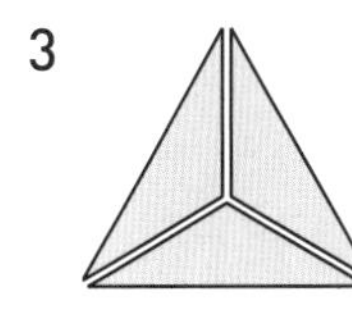

삼각형 3개

4

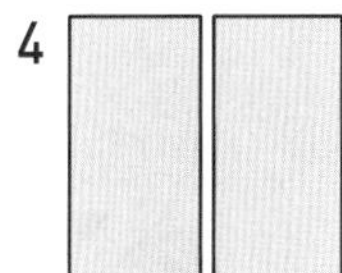

사각형 2개

5 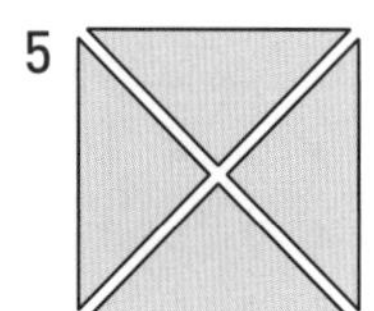

삼각형 4개

6 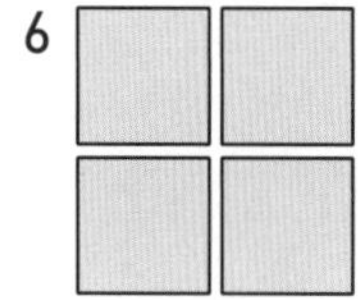

사각형 4개

7 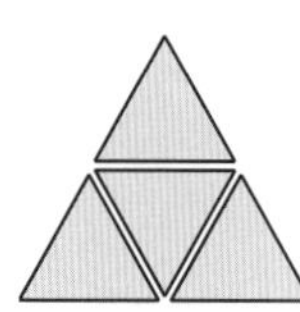

점선을 따라 자르면 삼각형이 4개 생깁니다.

8 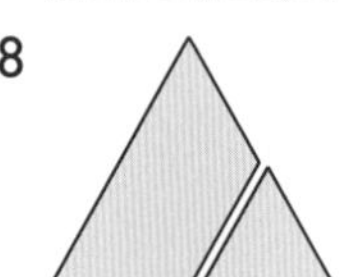

점선을 따라 자르면 삼각형이 1개, 사각형이 1개 생깁니다.

9 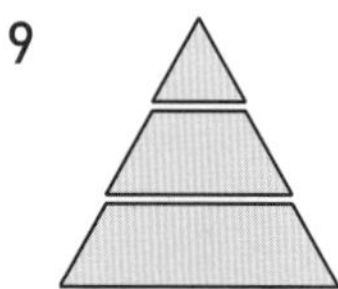

점선을 따라 자르면 삼각형이 1개, 사각형이 2개 생깁니다.

10 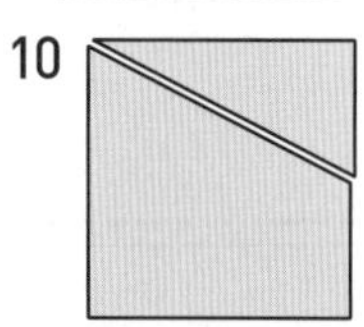

점선을 따라 자르면 삼각형이 1개, 사각형이 1개 생깁니다.

11 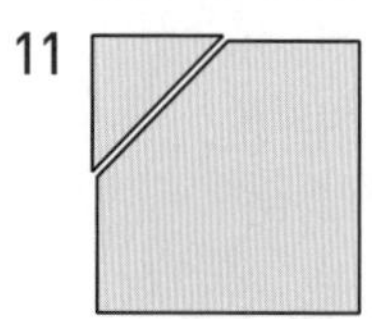

점선을 따라 자르면 삼각형이 1개, 오각형이 1개 생깁니다.

12 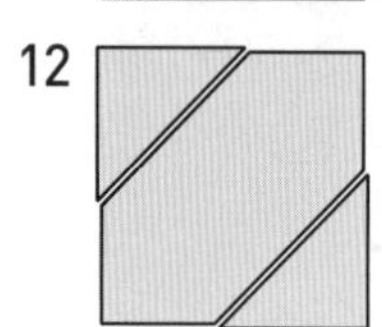

점선을 따라 자르면 삼각형이 2개, 육각형이 1개 생깁니다.

15ab

1 7

2 ①, ②, ③, ⑤, ⑦/④, ⑥

3 예

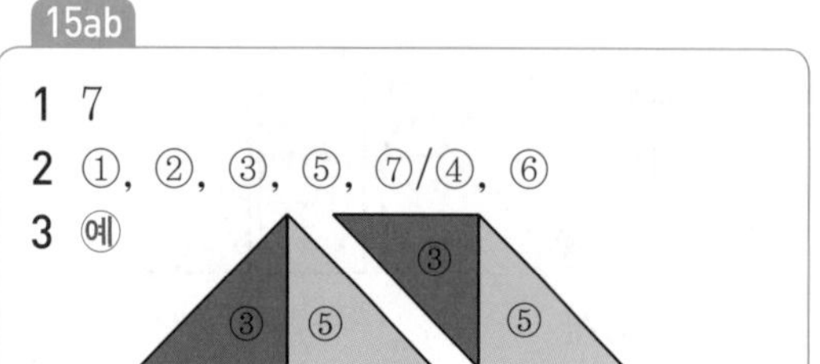

4 예

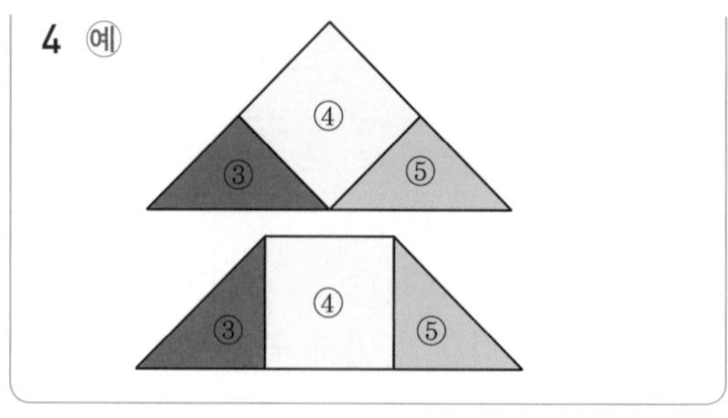

〈풀이〉

2 칠교판에서 삼각형은 ①, ②, ③, ⑤, ⑦로 5개, 사각형은 ④, ⑥으로 2개입니다.

16ab

1 예

2 예

3 예

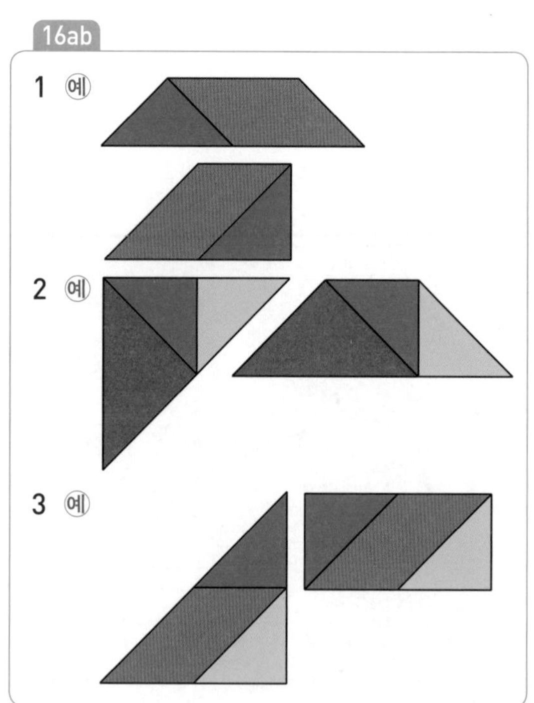

17ab

1

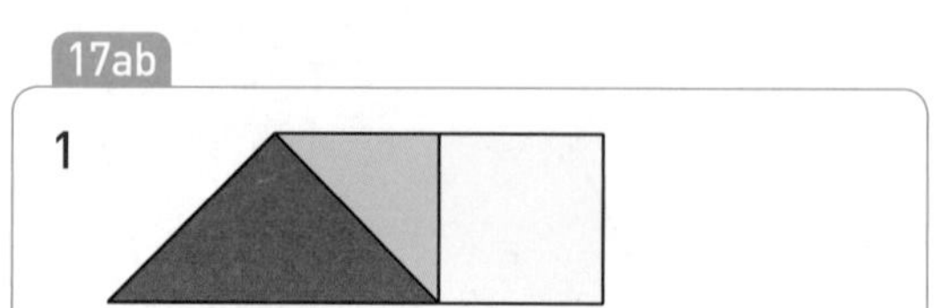

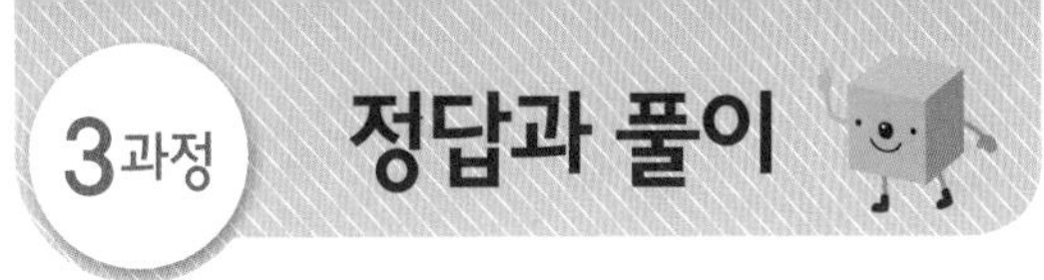

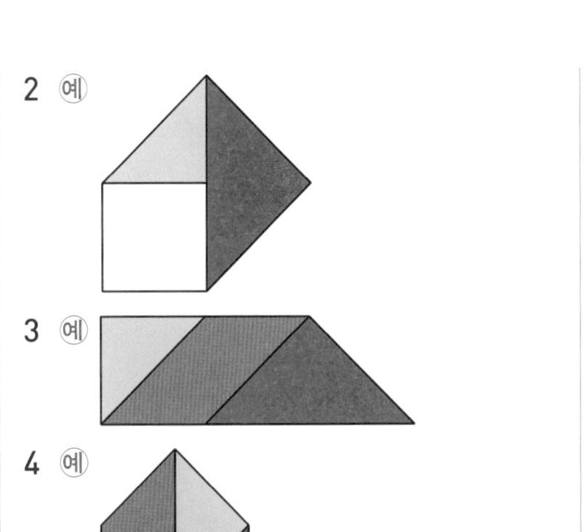

18ab

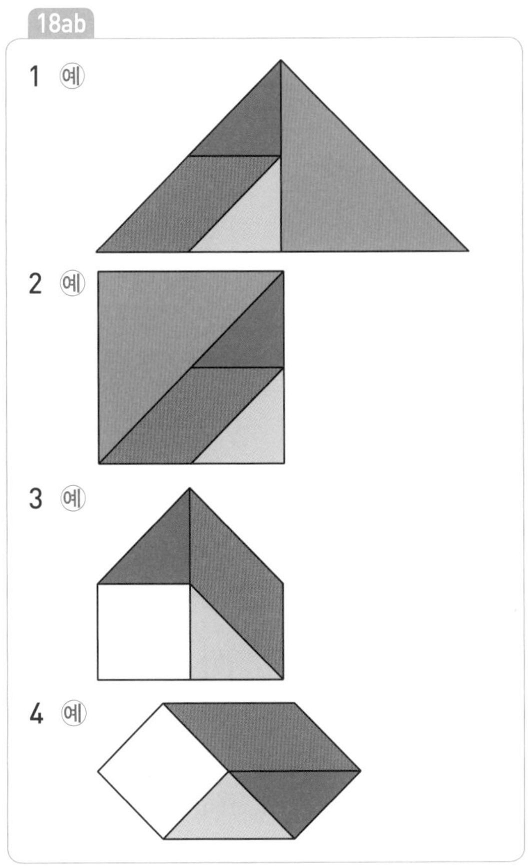

19ab

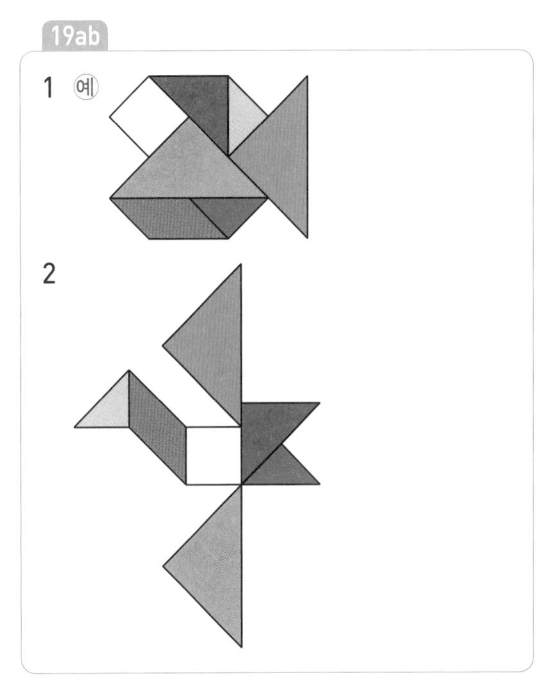

20ab

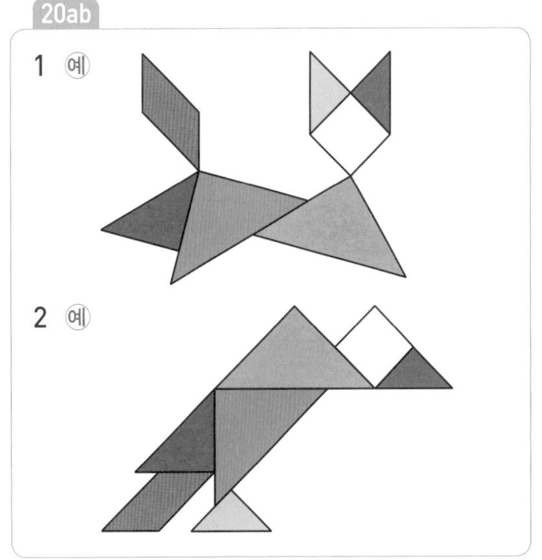

21ab

1 다 2 나 3 다 4 나
5 다 6 가

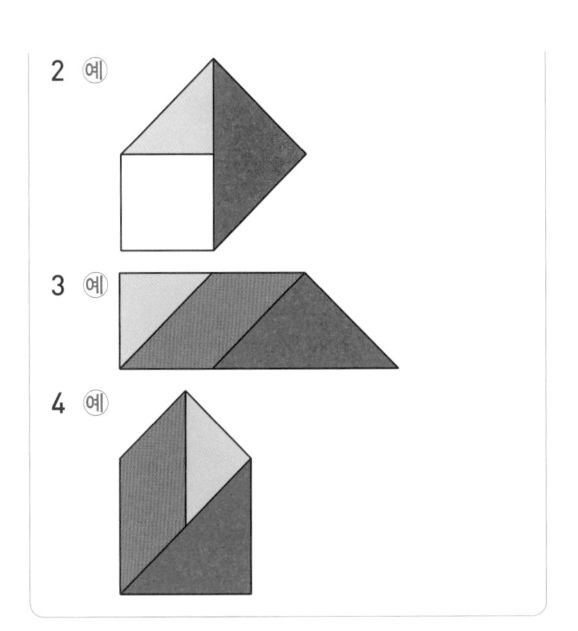

22ab

1 ㄷ	2 ㄱ	3 ㄹ	4 ㄴ
5 ㄴ	6 ㄹ	7 ㄱ	8 ㄷ

23ab

1 3	2 4	3 5	4 4
5 5	6 6	7 4	8 6
9 5	10 5	11 6	12 6

24ab

1 4	2 5	3 5	4 5
5 6	6 6	7 5	8 6
9 6	10 6	11 5	12 6

25ab

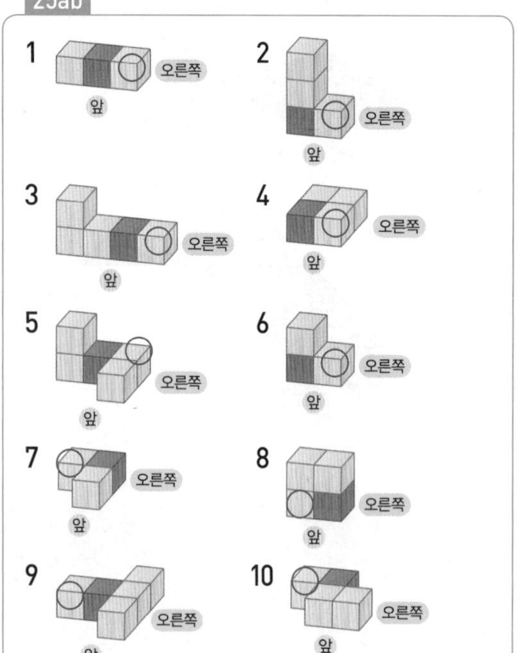

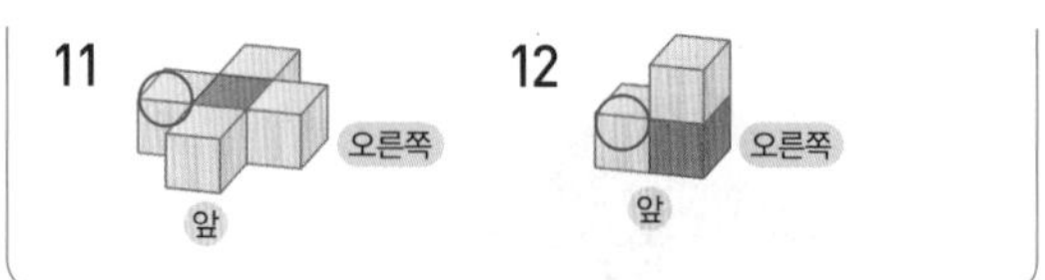

26ab

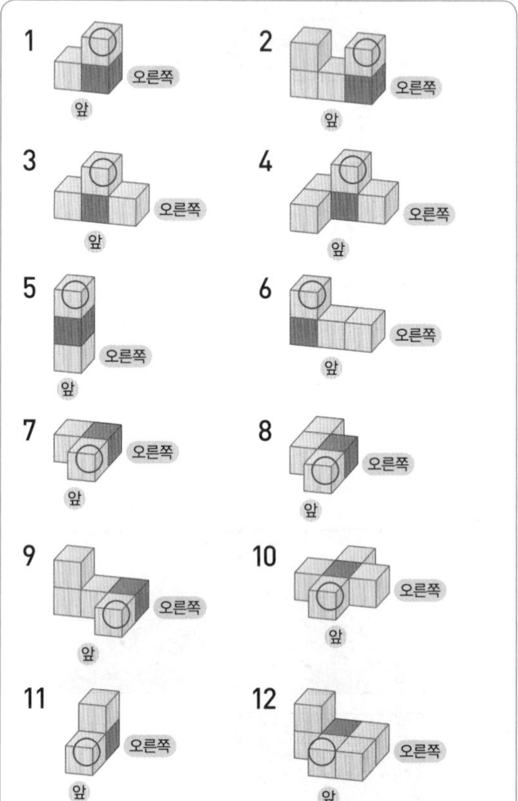

27ab

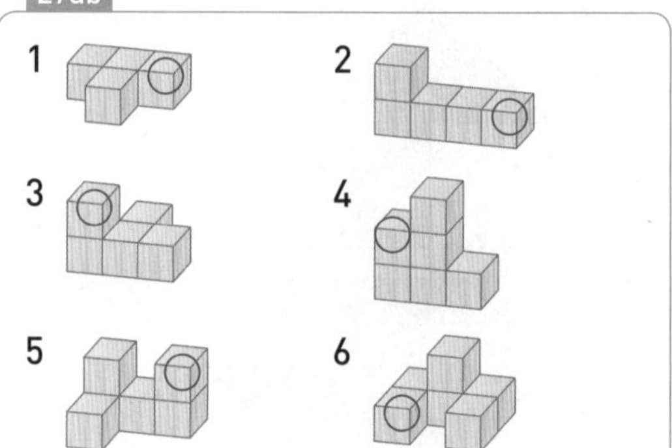

28ab

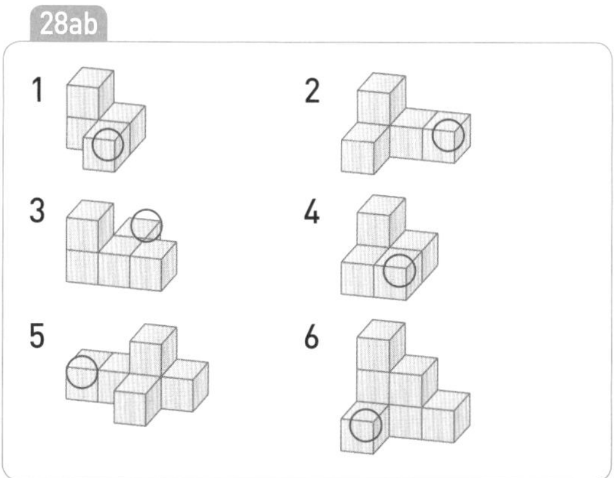

29ab

1 ㉣ 2 ㉤ 3 ㉢ 4 ㉡
5 ㉠ 6 ㉢

〈풀이〉

1 왼쪽 모양에서 ㉣을 ㉡의 앞으로 옮기면 오른쪽 모양과 똑같아집니다.

2 왼쪽 모양에서 ㉤을 ㉣의 오른쪽으로 옮기면 오른쪽 모양과 똑같아집니다.

3 왼쪽 모양에서 ㉢을 ㉤의 위로 옮기면 오른쪽 모양과 똑같아집니다.

4 왼쪽 모양에서 ㉡을 ㉠의 위로 옮기면 오른쪽 모양과 똑같아집니다.

5 왼쪽 모양에서 ㉠을 ㉢의 앞으로 옮기면 오른쪽 모양과 똑같아집니다.

6 왼쪽 모양에서 ㉢을 ㉠의 왼쪽으로 옮기면 오른쪽 모양과 똑같아집니다.

30ab

1 ㉢ 2 ㉤ 3 ㉢ 4 ㉠
5 ㉥ 6 ㉤

〈풀이〉

1 왼쪽 모양에서 ㉢을 ㉣의 앞으로 옮기면 오른쪽 모양과 똑같아집니다.

2 왼쪽 모양에서 ㉤을 ㉡의 위로 옮기면 오른쪽 모양과 똑같아집니다.

3 왼쪽 모양에서 ㉢을 ㉡의 앞으로 옮기면 오른쪽 모양과 똑같아집니다.

4 왼쪽 모양에서 ㉠을 ㉡의 앞으로 옮기면 오른쪽 모양과 똑같아집니다.

5 왼쪽 모양에서 ㉥을 ㉣의 위로 옮기면 오른쪽 모양과 똑같아집니다.

6 왼쪽 모양에서 ㉤을 ㉢의 위로 옮기면 오른쪽 모양과 똑같아집니다.

31ab

1 ㉢ 2 ㉠ 3 ㉣ 4 ㉡
5 ㉡ 6 ㉢ 7 ㉣ 8 ㉠

〈풀이〉

※ 주변에서 관찰할 수 있는 모양을 쌓기나무로 똑같이 쌓아 봄으로써 공간 추론 능력을 기릅니다.

32ab

1 ㉣ 2 ㉢ 3 ㉡ 4 ㉠
5 ㉢ 6 ㉣ 7 ㉠ 8 ㉡

33ab

1 가, 바 2 나, 마
3 다, 라 4 나, 라

〈풀이〉

1 가 3개, 나 4개, 다 5개,
라 6개, 마 5개, 바 3개

2 가 6개, 나 4개, 다 5개,
라 3개, 마 4개, 바 6개

3 가 6개, 나 4개, 다 5개,
라 5개, 마 3개, 바 6개

4 가 3개, 나 6개, 다 5개,
라 6개, 마 4개, 바 5개

34ab

1 나, 바　　2 다, 마
3 가, 라　　4 나, 마

〈풀이〉

1 가 5개, 나 3개, 다 4개,
라 4개, 마 6개, 바 3개

2 가 3개, 나 5개, 다 4개,
라 5개, 마 4개, 바 6개

3 가 5개, 나 3개, 다 4개,
라 5개, 마 4개, 바 6개

4 가 4개, 나 6개, 다 5개,
라 5개, 마 6개, 바 4개

35ab

1 2　　2 1　　3 1, 1
4 2　　5 1　　6 1, 1

36ab

1 뒤　　2 위　　3 앞, 위
4 뒤, 앞　　5 위, 앞　　6 앞, 위

37ab

1 ㉢　　2 ㉡　　3 ㉣　　4 ㉠
5 ㉡　　6 ㉠　　7 ㉣　　8 ㉢

38ab

1 ㉠　　2 ㉢　　3 ㉣　　4 ㉡
5 ㉡　　6 ㉣　　7 ㉠　　8 ㉢

39ab

1 ㉣　　2 ㉢　　3 ㉠　　4 ㉡
5 ㉡　　6 ㉣　　7 ㉠　　8 ㉢

40ab

1 ㉢　　2 ㉣　　3 ㉡　　4 ㉠
5 다　　6 나

성취도 테스트

1 자, 0, 0　　2 나, 3, 3
3 아, 4, 4　　4 마, 5, 5
5 가, 6, 6

6

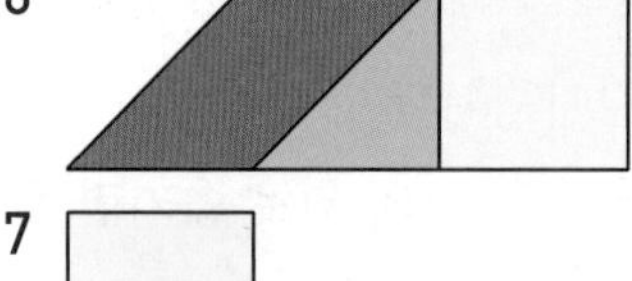

7

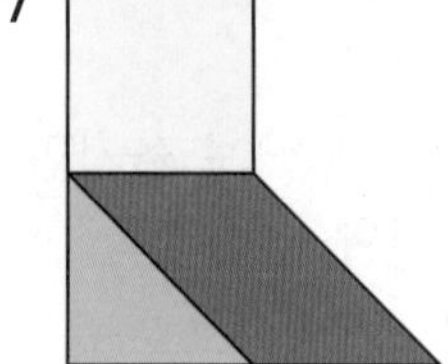

8 6　　9 5

10 오른쪽 앞　　11 오른쪽 앞

12　　13 나, 라, 바

14 ㉢　　15 ㉠